Python
人工智能

刘伟善 / 编著

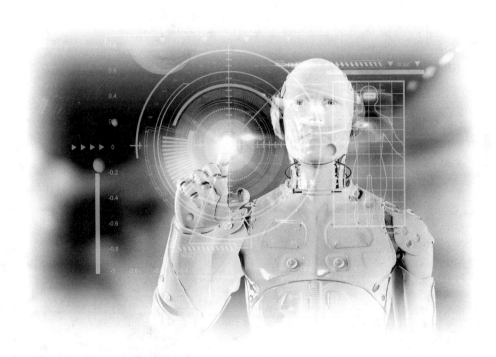

清华大学出版社
北 京

内 容 简 介

本书系统地介绍了基于 Python 平台的人工智能的原理及实现过程，全书共 7 章。第 1 章"从这里开始认识 Python"，介绍人工智能及 Python 基础知识；第 2 章"Python 语法基础"，通过生动有趣的实验实例介绍 Python 编程语法知识；第 3 章"Python 程序设计"，以实例为基础，介绍 Python 的编程方法；第 4 章"数据结构"，通过范例介绍列表、元组、字典、集合、函数等数据结构的使用方法；第 5 章"数据库及应用"，主要介绍 Python 数据库应用及 Web 应用开发技术，通过实例讲解 Python 数据库应用；第 6 章"大数据应用"，基于实例，主要介绍网络爬虫、Excel 数据爬取及分析处理等技术，了解数据挖掘分析处理等大数据应用技术的一般设计流程；第 7 章"人工智能"，以具体实例讲解照片人脸识别、图像识别、视频人脸识别、聊天机器人、微信语音聊天机器人、图文识别、语音识别及花朵识别等人工智能深度学习技术。

本书图文并茂，示例丰富，讲解细致透彻，介绍深入浅出，章后练习精广，具有很强的实用性和可操作性，适合初学或自学 Python 的学生，可作为中小学 STEM 教育或培训机构的人工智能课程教材，也可作为大中专院校人工智能、软件工程、计算机等专业以及相关课程的教材或参考书，还可以当作全国计算机二级（Python）考试的教材使用。

本书封面贴有清华大学出版社防伪标签，无标签者不得销售。
版权所有，侵权必究。举报：010-62782989，beiqinquan@tup.tsinghua.edu.cn。

图书在版编目（CIP）数据

Python 人工智能 / 刘伟善编著. —北京：清华大学出版社，2020.1（2022.10重印）
ISBN 978-7-302-54779-2

Ⅰ. ①P… Ⅱ. ①刘… Ⅲ. ①软件工具-程序设计 Ⅳ. ①TP311.561

中国版本图书馆 CIP 数据核字（2020）第 001644 号

责任编辑：杜春杰
封面设计：刘　超
版式设计：文森时代
责任校对：马军令
责任印制：沈　露

出版发行：清华大学出版社
　　　　　网　　址：http://www.tup.com.cn，http://www.wqbook.com
　　　　　地　　址：北京清华大学学研大厦 A 座　　邮　编：100084
　　　　　社 总 机：010-83470000　　　　　　　　　邮　购：010-62786544
　　　　　投稿与读者服务：010-62776969，c-service@tup.tsinghua.edu.cn
　　　　　质量反馈：010-62772015，zhiliang@tup.tsinghua.edu.cn
印 装 者：三河市金元印装有限公司
经　　销：全国新华书店
开　　本：185mm×260mm　　　印　张：15.25　　　字　数：378 千字
版　　次：2020 年 3 月第 1 版　　　　　　　　　　印　次：2022 年 10 月第 4 次印刷
定　　价：59.80 元

产品编号：084551-01

前　言

随着深度学习技术的不断发展，指纹识别、人脸识别、航拍、无人驾驶等应用了深度学习方法和贴近人们日常生活的技术，可以说深刻地改变了人们的学习、生活和消费方式。人工智能时代来了！最近，Alphago、视频识别、指纹解锁、图像识别、语音转文字、无人物流、医疗影像、机器人看病、作文智能批改等一系列事件，使我们深切感受到人工智能正在改变我们的认知和工作方式。因此，人工智能时代的到来使我们好奇兴奋，带给我们许多惊喜。

2015年，政府工作报告中首次出现"创客"一词，李克强总理在报告中专门提到"大众创业，万众创新"。当年我也申报了广东省教育科研规划课题《基于项目学习的高中创客教育实践研究》并获得立项。历经两年多的刻苦钻研，我开发了一门名为"Arduino 创客之路——智能感知技术基础"的课程并得以实施，学生实践创新能力有所提高。但是，在创客教育课程教学中，我也碰到了创新智能技术瓶颈问题，感知智能始终要依靠人的预定程序执行，缺少会思考和自主学习的智能。此时，我想到了人工智能的深度学习技术，然而由于深度学习技术的基础属于人工智能中神经网络相关的知识范畴，神经网络的研究又基于线性代数、矩阵运算、微积分、图论、概率论等复杂的数学理论，市面上出版的相关书籍也是开篇就讲这些数学理论基础，这让很多创客初学者望而生畏。

2017年，教育部印发《普通高中课程方案（2017年版）》，国务院也相继印发了《新一代人工智能发展规划》。2018年，已经有省市率先将编程列入高考。Python 语言被部分省份纳入信息技术高考指定内容之一。这预示着编程课程将全面进入中小学课堂。因此，我开始自学 Python 语言编程，很快掌握人脸识别、图文识别等技术。学习期间发现 Python 有丰富的标准库和高质量的与深度学习相关的库文件可供调用。初学者只需调用相关库文件，不必学习高深的神经网络相关知识就可以简单地实现机器深度学习的技术，如花朵识别技术等，这极大降低了初学者的学习难度。

今天，沿着自己探索 Python 人工智能技术之路，秉承"让学习变得更好玩"的教育理念，我整理自学 Python 笔记编册成书，供热心于 Python 创造的学生和社会人士使用。书中精选最贴近生活的、浅显易懂的实际问题，采用手把手实例讲解的方式，解决初学者可能遇到的门槛问题，帮助初学者少走弯路，迈好踏入 Python 人工智能深度学习殿堂的第一步，打好进一步提高的知识基础，解决创新智能技术瓶颈问题，拓宽创新智能领域，提高社会创造力。期待此书能为社会培养更多的人工智能编程技术人才。

本书是一本 Python 人工智能编程课程教材，作为教学课程教材，全书共分为7章。

第1章"从这里开始认识 Python"，结合人工智能及其编程语言 Python 的例子，通过认识 Python、知道 Python 能做什么、了解 Python 与人工智能的关系、掌握 Python 的安装方法及其基本编程过程来开启人工智能解决问题的神秘之门。第2章"Python 语法基础"，从一些生动有趣的具体实例出发，在实验过程中学习 Python 基础语法，把枯燥无味的语法变为有趣的活动课堂，让学生尽快掌握 Python 语言基础知识。第3章"Python 程序设计"，通过一些真实的生活案例,沿着程序的顺序、选择、循环等基本结构之路,学习如何使用 Python 语言编写程序并解决真实问题,掌握 Python 的基本语句、程序的基本结构和基本思想与方法,培养学生的计算思维和编程能力。第 4 章 "数据结构",从一些现实生活实例出发,在上机实验过程中学习列表、元组、字典、集合、函数、类、标准库及模块等数据类型使用方法,掌握数据结构基础语法,把抽象的语法变为形象具体的活动课堂,让学生尽快掌握 Python 数据结构基础知识。第 5 章 "数据库及应用",通过图形用户界面、软件测试及打包、线程及进程、Web 及数据库应用开发等内容的学习,掌握 Python 软件开发的一般流程。以 STEM 教育理念为指导,开展项目学习,让学生体验研究和创造的乐趣,培养学生创新设计的意识与能力。第 6 章 "大数据应用",通过 Python 爬虫程序设计与实现,以爬取 Excel 数据分析处理过程为例,体验大数据获取、分析、处理等应用过程,揭开人工智能大数据应用开发的神秘面纱。第 7 章 "人工智能",以具体实例讲解静态人脸识别、图像识别、视频动态人脸识别、智能聊天机器人、微信语音聊天机器人、图文识别、语音识别以及花朵识别等人工智能深度学习技术的实现过程,章后设计了较为开放的任务,给学生充分的想象与创新空间。

使用本书时,建议通读目录,精读章首导言。章首导言叙述了该章的学习目标和学习内容,让读者对该章有一个总体认识,也可以在学完该章后进行自我评价时有一个参照标准。在学习过程中,读者会发现书中有一些黑体字的栏目,如 "知识链接" "课堂任务" "探究活动" "课堂练习" "思维拓展" 等,它们会帮助读者更好地理解本章的内容,指导读者有效开展学习活动。例如,"知识链接" 是为完成学习目标而设置的相关知识内容;"课堂任务" 是明确学习任务;"探究活动" 是让读者在学习活动中培养团体合作意识和创新意识,提高研究能力;"思维拓展" 是告诉读者在课本知识之外还可以做什么,帮助读者构建创造性思维,引导创新。

本书的编写得到了许多专家的关注,他们提出了很多宝贵的意见和建议,在此我深表谢意。其中,曹金华老师给我提供了网络爬虫和网络词云处理的课程实例,尹晓华老师给我提供了开发工具,在此一并致谢。

由于编写时间仓促,编者水平有限,书中疏漏或不妥之处在所难免,敬请广大读者、同仁不吝指教,予以指正。

编　者
2019 年 7 月 31 日

目 录

第 1 章 从这里开始认识 Python ·················· 1
1.1 什么是 Python ·················· 1
1.2 Python 能做什么 ·················· 4
1.3 Python 与人工智能 ·················· 6
1.4 Python 的安装 ·················· 8
1.5 PyCharm 编辑器的安装 ·················· 11
1.6 Sublime Text 3 的安装以及插件配置 ·················· 16
本章学习评价 ·················· 22

第 2 章 Python 语法基础 ·················· 23
2.1 我的第一组程序 ·················· 23
2.2 Python 语句及标识 ·················· 25
2.3 Python 常量与变量 ·················· 31
2.4 基本数据类型 ·················· 34
2.5 数值转换 ·················· 38
2.6 基本函数 ·················· 41
本章学习评价 ·················· 45

第 3 章 Python 程序设计 ·················· 47
3.1 画图 ·················· 47
3.2 学生分数归档 ·················· 53
3.3 for/while 循环语句 ·················· 59
3.4 循环结构语句嵌套 ·················· 65
3.5 比赛对手 ·················· 68
3.6 银行账户登记系统实例 ·················· 73
3.7 万年历编程实例 ·················· 76
本章学习评价 ·················· 80

第 4 章 数据结构 ·················· 83
4.1 列表的操作 ·················· 83
4.2 列表的常用算法 ·················· 87
4.3 多维列表 ·················· 92
4.4 多维列表排序 ·················· 97

4.5 元组···102
4.6 字典···106
4.7 集合···112
4.8 自定义函数···116
4.9 类及其属性···120
4.10 Python 库及其模块···127
本章学习评价···135

第 5 章 数据库及应用···138

5.1 图形用户界面··138
5.2 进程与线程···144
5.3 数据库操作···148
5.4 Web 应用入门···153
5.5 测试与打包···157
5.6 实现购物车实例···161
5.7 Python+MySQL 学生成绩管理系统······································163
本章学习评价···170

第 6 章 大数据应用···171

6.1 爬取 Excel 表格数据···171
6.2 Python 爬取 Excel 数据··175
6.3 Python 数据处理··178
6.4 简单爬虫···181
6.5 网络爬虫···185
6.6 网络词云处理··192
本章学习评价···197

第 7 章 人工智能··198

7.1 静态照片人脸识别··198
7.2 图像识别技术··201
7.3 视频人脸识别··205
7.4 智能聊天机器人···210
7.5 微信语音聊天机器人···214
7.6 图文识别技术··218
7.7 语音识别技术··223
7.8 拍图识花技术··228
本章学习评价···235

参考文献···236

第 1 章　从这里开始认识 Python

人工智能（Artificial Intelligence，AI）是研究、开发用于模拟、延伸和扩展人类智能的理论、方法、技术和应用系统的一门新技术科学。人工智能是计算机科学的一个分支，它试图理解智能的本质，并产生一种能够以类似于人类智能的方式响应的新型智能机器，这一领域的研究包括机器人学、语言识别、图像识别、自然语言处理和专家系统。人工智能诞生以来，理论和技术日趋成熟，应用领域不断扩大。可以想象，未来人工智能带来的科技产品将是人类智能的"容器"，也可能比人更聪明。

在科技发达的今天，人们到处都可以看到人工智能的踪影，感受到人工智能给学习、工作和生活带来的方便。然而，在你惊叹人工智能的神奇，享受它所带来的欢乐时，你是否了解人工智能解决问题的基本过程，知道其中的奥妙呢？

本章将结合人工智能及其编程语言 Python 的例子，从认识 Python、知道 Python 能做什么、了解 Python 与人工智能的关系、掌握 Python 的安装方法及其基本编程过程入手，为你揭开人工智能解决问题的神秘面纱，让你从中汲取人类智慧的养分，感悟人工智能解决真实问题的奇妙之道，以此提高利用信息技术解决问题的能力。

本章主要知识点：

- 什么是 Python
- Python 能做什么
- Python 与人工智能的关系
- Python 的安装方法
- PyCharm 编辑器的安装方法
- Sublime Text 3 编辑器的安装方法
- Package Control 的安装技巧

1.1　什么是 Python

1.1.1　Python 是什么

Python 的创始人是吉多·范·罗苏姆（Guido van Rossum）。1989 年圣诞节期间，为了打发在阿姆斯特丹的时间，吉多·范·罗苏姆决心开发一种新的脚本解释器，作为 ABC 语言的一种继承。

Python 被称为简单而功能强大的编程语言之一。它颠覆了传统编程的难度，让"小白"也可以做编程。你会惊喜地发现 Python 语言有多简单，它关注的是如何解决问题，而不是编程语言的语法和结构。它具有高层次的数据结构，对于面向对象的编程来说，简单有效。Python 简洁的语法和对动态输入的支持，加上解释语言的特性，使得它在大多数平台上的许多领域，特别是对于快速应用程序开发来说，都是一种理想的开发语言。

Python 可以应用于数据分析、组件集成、网络服务、图像处理、数值计算和科学计算等许多领域。目前，行业内几乎所有大中型互联网公司都在使用 Python，如 Youtube、Dropbox、BT、Quora、豆瓣、知乎、谷歌、雅虎、Facebook、NASA、百度、腾讯、汽车之家、美团等。互联网公司一般用 Python 来做自动化运维、自动化测试、大数据分析、爬虫、Web 等工作。市场对 Python 开发人员的需求呈爆炸式增长趋势。Python+人工智能人才短缺高达 80 万人，在 2017 年用人单位发布的职位描述中，Python 的技能需求增长达到 174%，排名第一。

1.1.2 Python 的种类

当我们编写 Python 代码时，得到的是一个包含 Python 代码的以 .py 为扩展名的文本文件。要运行代码，就需要 Python 解释器去执行 .py 文件。

由于整个 Python 语言从规范到解释器都是开源的，理论上，只要编程水平足够高，任何人都可以编写 Python 解释器来执行 Python 代码。事实上，确实有多个 Python 解释器，每个解释器都有不同的功能，但是都可以正常运行 Python 代码。以下是 5 种常用的 Python 解释器。

1. CPython

从 Python 官网下载并安装 Python 3.7 后，可直接获得一个官方版本的解释器——CPython，该解释器是用 C 语言开发的，所以叫 CPython。在命令行下运行 Python 即可启动 CPython 解释器，CPython 解释器是使用最广泛的 Python 解释器。

2. IPython

IPython 是一种基于 CPython 的交互式解释器，也就是说，IPython 只是在交互的方式上进行了增强，执行 Python 代码的功能和 CPython 完全相同。好比国内很多浏览器的外观虽然不一样，但是其内核其实都是调用 IE 的一样。

3. PyPy

PyPy 是一个以执行速度为目标的 Python 解释器。PyPy 采用 JIT 技术对 Python 代码进行动态编译，可以显著提高 Python 代码的执行速度。

4. Jython

Jython 是运行在 Java 平台上的 Python 解释器，可以直接将 Python 代码编译成 Java 字节码执行。

5. IronPython

IronPython 类似于 Jython，只不过 IronPython 是运行在微软 .Net 平台上的 Python 解释器，可以直接把 Python 代码编译成 .Net 的字节码。

在 Python 的解释器中，CPython 得到了广泛的应用。对于 Python 编译来说，除了使用上面的解释器进行编译之外，技术高超的开发人员还可以根据自己的需要编写 Python 解释器来执行 Python 代码，非常方便。

1.1.3 Python 的特色

1. 简单

Python 是一种代表简单思想的语言。读一个好的 Python 程序感觉就像读英语文章一样，虽然这个程序对语言的要求非常严格。Python 的这种伪代码特性是它最大的优势之一。它使开发者能够专注于解决问题，而不是理解语言本身。

2. 开源、免费

Python 是 FLOSS（自由/升级源码软件）之一，简而言之，开发者可以自由发布软件副本，阅读其源代码，对其进行更改，并将生成的新的软件放入 FLOSS，不存在知识产权纠纷。FLOSS 是基于一个团体共享的概念，这是 Python 如此优秀的原因之一。它是由一群希望看到更好 Python 的人创建并经常改进的。

3. 高级语言

用 Python 编写程序时，不需要考虑如何管理程序使用的内存等底层细节，使用起来极其方便，掌握起来也非常容易。

4. 便携性

由于 Python 的开源特性，它已经被移植到许多平台上（为了使它能够在不同的平台上工作而改变）。如果能够避免使用系统相关的功能，那么所有 Python 程序都可以在以下任何平台上运行，而无须修改。

这些平台包括 Linux、Windows、FreeBSD、Macintosh、Solaris、OS/2、Amiga、AS/400、BeOS、OS/390、z/OS、Palm OS QNX、VMS、Psion、Acom 设置、OS 设置、Play Station、Sharp Zaurus、Windows CE，甚至 PocketPC。

5. 面向对象

Python 支持面向过程的编程和面向对象的编程。在面向过程的语言中，程序是由一个过程或一个只是可重用代码的函数构建的。在面向对象的语言中，程序是由数据和功能组合的对象构建的。与 C++和 Java 等其他主要语言相比，Python 以非常强大和简单的方式实现了面向对象的编程。

6. 丰富的库

Python 具有强大的标准库，它可以帮助用户完成各种工作，包括正则表达式、文档生成、单元测试、线程、数据库、Web 浏览器、CGI、FTP、电子邮件、XML、XML-RPC、HTML、GUI（图形用户界面）、tk 等系统相关操作。只要安装了 Python，所有这些功能都是可用的。这就是 Python 的 "功能齐全" 概念。

除了标准库以外，Python 还有许多其他高质量的库，如 wxPython、Twisted 和 Python 图像库等。

总之，Python 是一种很棒的、功能强大的语言。它将高性能与使编写程序变得简单有趣的功能合理地结合在一起，形成它独有的特色。

1.2　Python 能做什么

如果你想学 Python，或者你刚开始学习 Python，那么你可能会问："我能用 Python 做什么？"这个问题不好回答，因为 Python 有很多用途。从事 Python 开发这么久，也了解了不少，笔者发现 Python 主要有以下五大应用：人工智能、网络爬虫、数据分析、Web 开发和自动化运维等。

1.2.1　人工智能

人工智能是研究、开发用于模拟、延伸和扩展人类智能的理论、方法、技术和应用系统的一门新技术科学。对于想加入 AI 和大数据行业的开发者来说，学习 Python 是必要的。或者用另一种方式来说，如果你将来想在这个行业工作，你什么都不用想，首先闭上眼睛，学习 Python。

当然，Python 也并非没有它的问题和缺点。你可以也应该学习另一种语言，甚至几种语言来匹配 Python，但是 Python 将坐稳数据分析和 AI 第一语言的位置，这一点毫无疑问。

笔者甚至认为，由于 Python 坐稳了这个位置，由于这个行业未来需要大批的从业者，更由于 Python 正在迅速成为全球大中小学编程入门课程的首选教学语言，这种开源动态脚本语言非常有机会在不久的将来成为第一种真正意义上的编程世界语。

1.2.2　网络爬虫

1. 什么叫网络爬虫

网络爬虫又称网络蜘蛛，是指按照某种规则在网络上爬取所需内容的脚本程序。众所周知，每个网页通常包含其他网页的入口，网络爬虫则通过一个网址依次进入其他网址获取所需内容。

2. 爬虫有什么用

爬虫可作为通用搜索引擎网页收集器。Google、Baidu 做垂直搜索引擎，在线人类行为、在线社群演化、人类动力学、计量社会学、复杂网络、数据挖掘等领域的实证研究，都需要大量数据，网络爬虫是收集相关数据的利器。偷窥、hacking、发垃圾邮件……都要用到爬虫。爬虫是搜索引擎的第一步，也是最容易的一步。

3. 用什么语言写爬虫

爬虫可用 C、C++或一些脚本语言编写。

- ➢ C、C++语言：高效率、快速，适合通用搜索引擎做全网爬取。但开发慢，写起来又"臭"又长，如天网搜索源代码。
- ➢ 脚本语言：Perl、Python、Java、Ruby。简单、易学，良好的文本处理能力方便网页内容的细致提取。但效率往往不高，适合对少量网站的聚焦爬取。

4. 为什么最终选择 Python

笔者用 C#、Java 写过爬虫，区别不大，原理就是利用好正则表达式，只不过是平台问题。

后来了解到很多爬虫都是用 Python 写的，于是便一发不可收拾。Python 优势很多，总结了以下两个要点。

（1）抓取网页本身的接口。与 Java、C#、C++等其他静态编程语言相比，Python 抓取 Web 文档的界面更简单；相比其他动态脚本语言，如 Perl、Shell、Python 的 Urllib 2 包提供了较为完整的访问网页文档的 API。当然 Ruby 也是不错的选择。此外，抓取网页有时候需要模拟浏览器的行为，很多网站对于生硬的爬虫抓取都是封杀的。这时我们需要模拟 User Agent 的行为构造合适的请求，如模拟用户登录，模拟 Session/Cookie 的存储和设置。在 Python 里都有非常优秀的第三方包帮你搞定，如 Requests、Mechanize。

（2）网页抓取后的处理。捕获的网页通常需要进行处理，如过滤 HTML 标签、提取文本等，Python 的 Beautiful Soap 提供了简洁的文档处理能力，可以用很短的代码处理大部分文档。其实很多语言和工具都具有上面的功能，但是 Python 可以做到最快、最干净。

1.2.3 数据分析

一般我们用爬虫爬到大量的数据之后，需要处理数据用来分析，这是我们最终的目的。关于数据分析的库也是非常丰富的，各种图形分析图等都可以做出来，非常方便，其中诸如 Seaborn 这样的可视化库，能够仅仅使用一两行就对数据进行绘图，而利用 Pandas、Numpy 和 Scipy，则可以简单地对大量数据进行筛选、回归等计算。而后续复杂计算中，对接机器学习相关算法，或者提供 Web 访问接口，或是实现远程调用接口，都非常简单。

提及数据分析，人们不免会想到 Python 数据分析的应用方向，Python 也被看作数据分析的首选语言。Python 作为一种面向对象、直译式计算机程序设计语言，具有简单、易学、免费开源、可移植性强、可扩展性强等特点。Python 中拥有丰富而强大的库，而这些正是它在数据分析领域备受重视的关键。

1.2.4 Web 开发

什么是 Web 开发呢？其实就是开发一个网站。那开发网站需要用到哪些知识呢？

1. Python 基础

因为要用 Python 开发，所以 Python 一定要会，至少要掌握顺序结构、条件判断、循环、函数和类这些知识。

2. HTML、CSS 的基础知识

因为要开发网站，网页都是用 HTML 和 CSS 写的，所以要学会这些知识。就算不会写前端，开发不出来特别漂亮的页面、网站，最起码要能看懂 HTML 标签。

3. 数据库基础知识

开发一个网站的数据存在哪里？就是在数据库里，那最起码要了解数据库的增删改查，否则无法存取数据。

具有上面这些知识，就基本可以开发一家简单的小网站了，如果想开发比较大型的、业务逻辑比较复杂的网站，那就要用到其他知识了，如 Redis、MQ 等。

最近，Django 和 Flask 等基于 Python 的 Web 框架在 Web 开发中非常流行。这些 Web 框架可以帮助开发者用 Python 编写服务器端代码（后端代码）。这是在开发者的服务器上运行的代码，而不是运行在用户设备和浏览器的代码（前端代码）。

1.2.5 自动化运维

随着信息时代的不断发展，IT 运维已经成为 IT 服务内涵的重要组成部分。面对越来越复杂的业务和越来越多样化的用户需求，不断扩展的 IT 应用需要越来越合理的模式，以保证 IT 服务能够灵活、方便、安全、稳定，这种模式中的安全因素是 IT 运维（其他因素是更好的 IT 架构等）。从最初的几台服务器发展到一个庞大的数据中心，仅靠人工已经不能满足技术、业务、管理等方面的要求，那么标准化、自动化、降低 IT 服务成本的架构优化、流程优化等越来越受到人们的重视。其中，以自动化为起点代替人工操作的要求得到了广泛的研究和应用。

IT 运维自诞生和发展以来，自动化作为其重要属性之一，不仅取代了人工操作，更重要的是解决如何在当前条件下优化业绩和服务，同时实现投资收益最大化。自动化对 IT 运维的影响不仅是人与设备的关系，而且已经发展到以客户服务为导向的 IT 运维决策水平，IT 运维团队的组成，包括各级技术人员和业务人员，甚至是广大的用户。

因此，IT 运维自动化是根据 IT 服务需求，将静态设备结构转化为动态灵活响应的一组策略。目的是实现 IT 运维的质量，降低成本。可以说自动化一定是 IT 运维最重要的属性之一，但并不是全部。

随着技术的进步和业务需求的快速增长，一个运维人员通常管理成百上千台服务器，运维工作变得烦琐和复杂。运维工作自动化，可以将运维人员从服务器的管理中解放出来，使得运维工作简单、快捷、准确。

1.3 Python 与人工智能

我们经常听到 Python 和"人工智能"这两个词，很容易混淆这两个词，那么，Python 与人工智能有什么关系呢？

首先，我们来谈谈人工智能。人工智能是计算机科学的一个分支，它试图理解智能的本质，并产生一种能够以类似于人类智能的方式响应的新型智能机器，这一领域的研究包括机器人学、语言识别、图像识别、自然语言处理和专家系统。简而言之，人工智能是一种未来科技。

其次，我们来谈谈 Python。Python 是一种计算机编程语言。目前，在人工智能科学领域的应用非常广泛。它的广泛应用表明，以 Python 为主要语言开发了各种库和相关框架。Google 的 TensorFlow 代码大部分是 Python。

虽然 Python 是一种脚本语言，但是它很容易学习，很快就成为科学家的工具，从而积累了大量的工具库和体系结构。人工智能涉及大量的数据计算，使用 Python 是很自然的，简单高效。Python 中有很多优秀的深度学习库，现在大多数深度学习框架都支持 Python。

再次，来看一下 Python 与人工智能的关系。简单来说，Python 是最适合人工智能开发的编程语言。由于它的简单性和易用性，Python 是人工智能领域应用最广泛的编程语言之一，它可以与数据结构和其他常用的人工智能算法无缝地结合使用。

说到人工智能，Python 是一个现代的选择。为什么呢？除了一般的原因，Python 同时能让原型设计更快更稳定地架构，如 Scikit-learning（机器学习库）。它还为其他语言提供了应用程序设计接口（API）。Python 中有很多库是有帮助的，但是你必须精通 Python 才能很好地利用它。

未来 10 年将是大数据和人工智能时代，需要处理的数据量会很大，而 Python 最大的优势就是对数据的处理。因为 Python 有独特的优势，我相信在未来的 10 年里，它会越来越流行。Python 语言简单易学，支持丰富强大的深度学习库，这两大支柱从早期就确立了 Python 在江湖的地位。

在大数据和人工智能的时代，我们学习 Python 编程之后，能做些什么呢？概括起来，我们可以选择在数据分析、人工智能、全栈开发等方面进行工作。

1. Python Web 全栈工程师

我们都知道，无论用哪种语言，全栈工程师都是人才，全栈工程师的工资是 2 万元左右，而 Python Web 全栈工程师则会高出 0.5 万～1 万元。因此，如果你有足够的能力，第一个选择是 Python Web 全栈工程师。

2. Python 自动化测试工程师

只要和自动化相关，Python 就能发挥巨大的优势。目前一些做自动化测试的工作人员需要学习 Python 来帮助提高测试效率，做自动化测试的人明白，会不会 Python 是两码事。目前，Python 自动化测试工程师的工资大概在 1.5 万～2.5 万元。

3. 大数据工程师

我们现在是一个真正的大数据时代，在大数据方面，Python 比 Java 更高效。虽然大数据很难学，但是 Python 可以更好地和大数据对接。目前，大数据工程师的薪资在 1.8 万～2.5 万元。

4. 数据分析师、爬虫工程师

现在做数据分析也需要学习 Python。Python 可以更快地提高数据捕获的准确性和速度，这对于做数据分析的人来说是再好不过的了，如果你还在用表格，可以尝试提升一下自己了。目前，数据分析师和 Python 爬虫工程师的薪资是 1.8 万～2.5 万元。

5. 自动化运维

据了解，现在不需要 Python 的运维人员似乎并不太多。只要他们还有一点野心，想想未来的发展，他们都在努力学习 Python。目前，自动化工程师的薪资是 1.5 万～2 万元。

6. 人工智能

为什么把这个方向留在最后，因为这是我们即将到来的"人工智能时代"所需要的。用机器人扫地和洗碗，这个时代不会太远，最多 5 年，Python 是这个方向的首选语言。目前，人工智能开发工程师的薪资是 2.5 万～3.5 万元。

1.4　Python 的安装

Python 的安装步骤如下。

第一步：下载 Python 安装包。

在 Python 的官网 www.python.org 中找到最新版本的 Python 安装包，单击进行下载。请注意，如果你的计算机是 32 位的，请选择 32 位的安装包；如果你的计算机是 64 位的，请选择 64 位的安装包。

第二步：安装 Python。

（1）双击下载好的安装包，弹出如图 1.1 所示的界面，选择自定义安装。

图 1.1　安装界面

这里要注意的是，要将 Python 加入 Windows 的环境变量中，应选中 Add Python 3.8 to PATH 复选框，如果忘记，则需要手工加到环境变量中。在这里我选择的是自定义安装，单击"自定义安装"进行下一步操作，如图 1.2 所示。

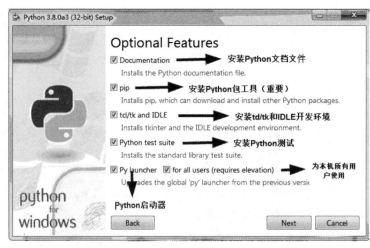

图 1.2　按需选择选项

（2）在图 1.2 中，选择需要安装的组件，然后单击 Next 按钮进入下一步，弹出如图 1.3 所示界面。

（3）可以自定义路径选择安装，如图 1.3 所示。

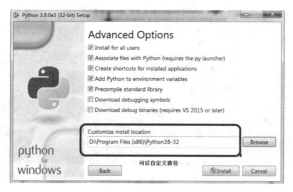

图 1.3　自定义路径安装

（4）单击 Install 按钮开始安装，如图 1.4 所示。

（5）安装完成后，会有一个安装成功的提示界面，如图 1.5 所示。

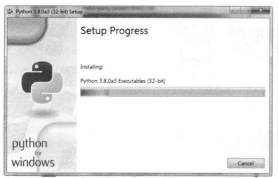　

图 1.4　正在安装　　　　　　　　图 1.5　安装成功界面

第三步：测试。

Python 安装好之后，我们要检测一下是否安装成功，用系统管理员身份打开命令行工具 cmd，输入 python-V，然后按 Enter 键，如果弹出如图 1.6 所示的 Python 版本界面，则表示安装成功。图 1.6 框内显示的是 Python 的版本信息，为 Python 3.6.5。

图 1.6　Python 版本界面

第四步：写程序。

安装成功之后，当然要写第一个 Python 程序了，按照惯例，我们写一个 hello world。打开 cmd，输入 Python 后按 Enter 键，进入 Python 程序中，可以直接在里面输入，然后按 Enter 键执行程序。我们打印一个 hello world 看看，在里面输入 print("hello world")，按 Enter 键，所有程序员都会遇到的第一组程序就出现了，如图 1.7 所示。

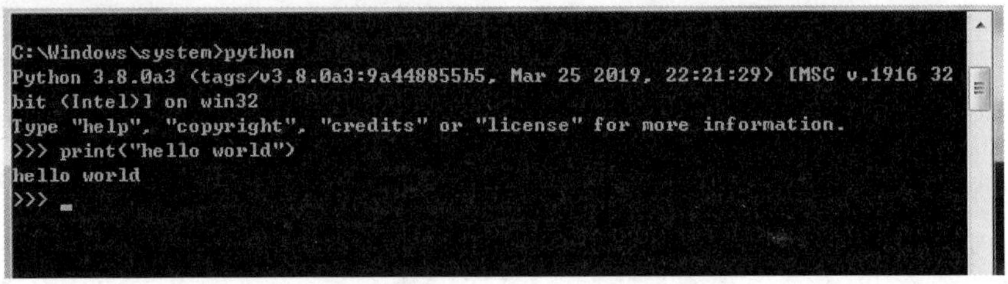

图 1.7　显示 hello world 界面

第五步：配置 Python 环境变量。

如果在安装时，忘记选择加入到环境变量的选项，那么就需要手工配置环境变量，之后才能使用 Python。配置的方法如下。

（1）右击"计算机"，在弹出的快捷菜单中选择"属性"命令，如图 1.8 所示。

图 1.8　计算机属性

（2）在弹出的界面中单击"高级系统设置"（不同的 Windows 系统版本弹出的界面不完全相同，笔者用的是 Windows 7），如图 1.9 所示。

图 1.9　Windows 系统版本

（3）在弹出的对话框中单击"环境变量"按钮，如图 1.10 所示。
（4）在弹出的对话框中进行环境变量的配置，如图 1.11 所示。

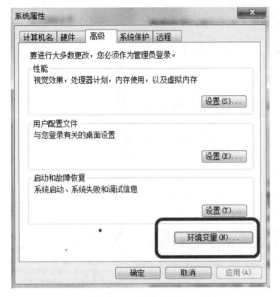

图 1.10　环境变量

图 1.11　系统变量设置

找到"系统变量"中 Path 一项，选中后单击"编辑"按钮；将之前安装的 Python 的完整路径加到最后面，注意要在完整的路径前加一个"；"，然后单击"确定"按钮，保存所做的修改，这样环境变量就设置好了。

设置完成后，可以按照上面的方法进行测试，以确保环境变量设置正确。上面是 Python 的安装方法，适合初学者的学习，安装完成后，通常我们还要安装 PyCharm。PyCharm 是一种 Python IDE，在编写 Python 程序时，通常用该工具开发、调试和管理工程等。

1.5　PyCharm 编辑器的安装

PyCharm 编辑器的安装步骤如下。

第一步：下载 PyCharm 安装包。

从网站 www.python.org 上下载 PyCharm。PyCharm 是 Python 自带的编辑器，也可以使用其他编辑器，如 Sublime Text 3 也是一个很好的编辑器，但我们编程时只用一个编辑器即可，选择喜欢的一个进行安装即可。一般情况，初学者都选用 PyCharm 作为编辑器。

PyCharm 的下载方法：单击打开链接（链接为 http://www.jetbrains.com/pycharm/download/#section=windows），进入之后的界面如图 1.12 所示，根据自己计算机的操作系统进行选择，对于 Windows 系统，选择图中黑色圈中的区域。

下载完成之后，文件存储的位置如图 1.13 所示。

直接双击下载好的.exe 文件进行安装，安装界面如图 1.14 所示。

单击 Next 按钮进入下一步，弹出如图 1.15 所示界面，选择安装路径。

图 1.12　下载界面

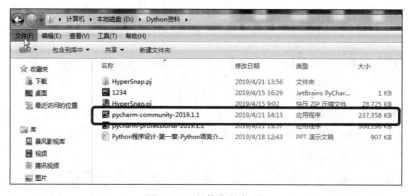

图 1.13　文件存储位置

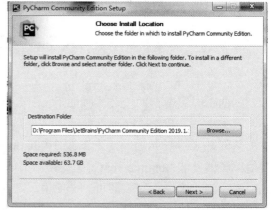

图 1.14　安装界面　　　　　　　　　图 1.15　安装路径

在图 1.15 中，单击 Next 按钮，弹出的界面如图 1.16 所示。此时，可以根据安装需求进行选择安装，如果操作系统是 32 位的，就不能选中 64-bit launcher 复选框，其他复选框建议都要选中。

在图 1.16 所示界面设置完成后，单击 Next 按钮进入下一步，弹出如图 1.17 所示的界面。

第 1 章　从这里开始认识 Python

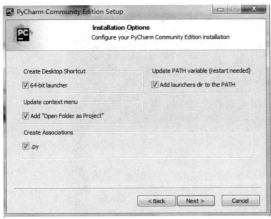
图 1.16　选项安装

图 1.17　安装界面

在图 1.17 中，直接单击 Install 按钮进行安装，弹出的界面如图 1.18 所示。安装完成后弹出如图 1.19 所示界面，单击 Finish 按钮结束安装。

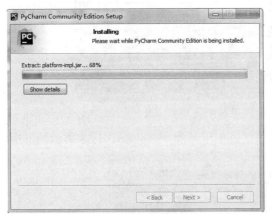
图 1.18　系统正在安装

图 1.19　系统安装完成

第二步：创建自己的第一个程序。

（1）单击桌面上的 PyCharm 图标，进入 PyCharm 中，如图 1.20 所示。
（2）这里选中第 2 个选项，然后单击 OK 按钮，弹出的界面如图 1.21 所示。

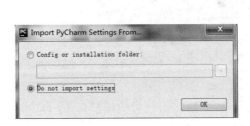
图 1.20　启动 PyCharm

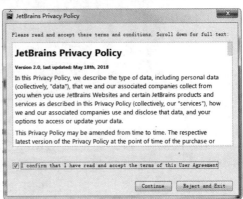
图 1.21　选择安装

(3)同意用户协议后,单击 Continue 按钮进入下一步,弹出的界面如图 1.22 所示。

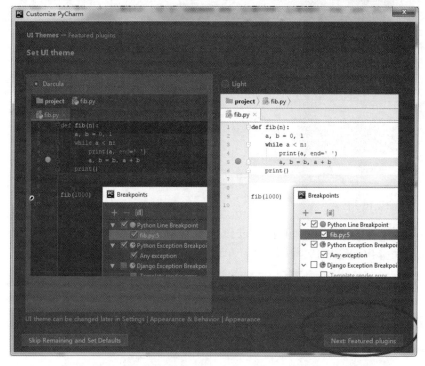

图 1.22　PyCharm 界面

(4)单击图 1.22 中的 Next: Featured plugins 按钮进入下一步,弹出如图 1.23 所示的界面。

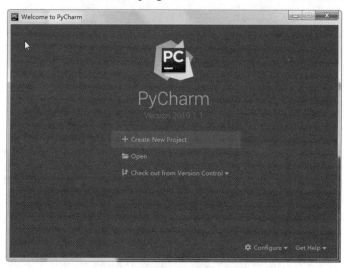

图 1.23　PyCharm 编辑界面

(5)在图 1.23 中,单击+Create New Project,进入如图 1.24 所示的界面,图中的 Location 处是选择所安装 Python 的位置,选择好后,单击 Create 按钮。

(6)弹出的界面如图 1.25 所示,单击 Next Tip 按钮可以得到提示信息,单击 Close 按钮结束提示,直接进入编辑界面。

第 1 章　从这里开始认识 Python

图 1.24　创建新文件存放路径

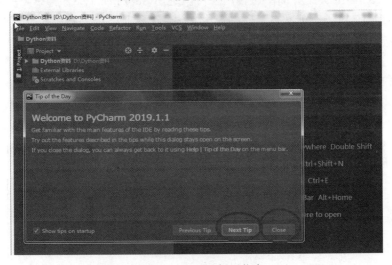

图 1.25　Python 提示信息

（7）在编辑界面中选择 File→New→Python file，在弹出的对话框中填写文件名（任意填写），如 hello World，如图 1.26 所示。

图 1.26　创建新文件名

（8）单击 OK 按钮，Python 文件 hello World.py 创建完成。Hello World.py 文件编辑界面如图 1.27 所示。

（9）在图 1.27 所示界面编写自己的程序即可。当然，如果你对这个界面不满意，可以自己设置背景，这里不再详细说明（可在网上查到相关知识）。

图 1.27　创建文件成功界面

1.6　Sublime Text 3 的安装以及插件配置

如果认为 PyCharm 英文界面不适合，还可以选用 SubLime Text 3 第三方编辑器，该编辑器有汉化中文版面，对于对英文有障碍的人士来说，无疑是一个福音。下面介绍一下 Sublime Text 3 的安装方法以及插件配置方法。

第一步：下载 Sublime Text 3 安装包。

打开官网下载链接 http://www.sublimetext.com/3，下载 Sublime Text 3 安装包。如果你的系统是 32 位，单击 Windows 下载安装包即可；如果你的系统是 64 位，就要单击 Windows 64 bit，如图 1.28 所示。

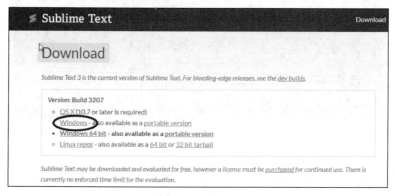

图 1.28　下载界面

单击 Windows 之后，就会弹出如图 1.29 所示的界面，选择下载文件要存放的文件夹。

图 1.29　选择存储的文件夹

下载完成之后，文件存放在对应的文件夹里，如图 1.30 所示。

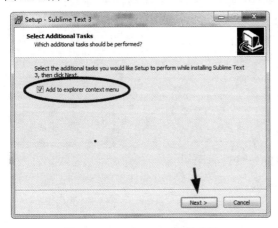

图 1.30　下载的文件

第二步：安装 Sublime Text 3 编辑器。

双击图 1.30 所示的安装文件 Subtime Text Build 3207 Setup.exe，即可安装，如图 1.31 和图 1.32 所示。

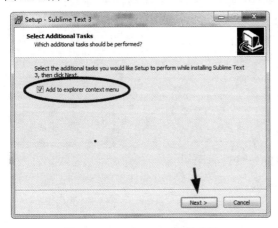
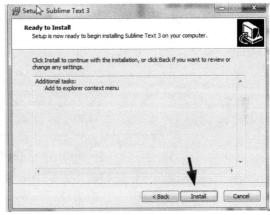

图 1.31　Sublime Text 3 的安装　　　　　　图 1.32　安装界面

在图 1.32 中单击 Install 按钮后系统进行安装，安装完成之后，显示如图 1.33 所示的界面。

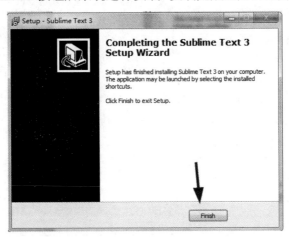

图 1.33　Sublime Text 3 安装成功

第三步：安装 Package Control。

（1）安装 Package Control（更新）。

Package Control 为插件管理包，所以我们首先要安装它。有了它，我们就可以很方便地浏览、安装和卸载 Sublime Text 中的插件。经过实践，到目前为止，Sublime Text 3 不自动安装 Package Control 管理包，都是显示 Package Control 的网页 https://packagccontrol.io/，可自行安装。

（2）下载 Package Control 安装包。

打开 Package Control 官网，找到 Clone or download 进行打包下载。官网地址为 https://github.com/wbond/package_control，如图 1.34 和图 1.35 所示。

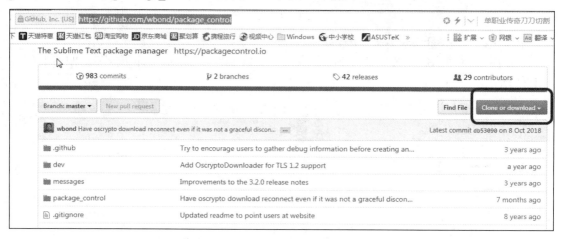

图 1.34　下载 Package Control 安装包

（3）下载完成之后，进行解压，如图 1.36 所示。

图 1.35　以 ZIP 形式下载　　　　　图 1.36　解压后的安装包

（4）要把 package_control-master 文件夹名称改为 Sublime Text 3 能识别的原文件夹名称 Package Control，这里很关键，P 和 C 是大写字母，其余为小写字母，中间没有"-"连接符，否则安装出错，如图 1.37 所示。

图 1.37　解压文件夹改名

（5）把改好名称的整个文件夹复制到 Sublime Text 3 的 Packages 目录下。

如何找到 Packages 目录？一个快捷的方法是：双击打开 Sublime Text 3，选择 Preferences→Browse Packages...命令，它会直接打开插件包存放的目录 Packages，如图 1.38 和图 1.39 所示。

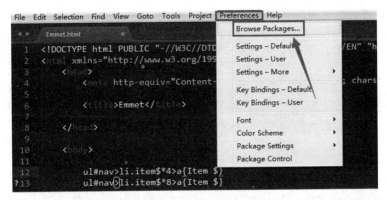

图 1.38 寻找 Packages 目录

图 1.39 目标 Packages 文件夹

然后就可以把下载并解压好的插件包复制到 Packages 文件夹下，如图 1.40 所示。

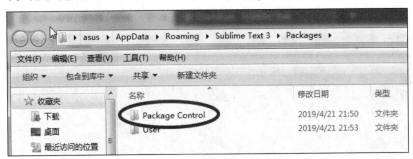

图 1.40 复制文件到 Packages 文件夹下

（6）重启 Sublime Text 3，然后按 Shift+Ctrl+P 组合键打开 Command Palette 悬浮对话框，在顶部输入 install，然后选择 Package Control:Install Package。稍等几分钟，直到出现如图 1.41 所示的界面，则安装成功。

第四步：汉化 Sublime Text 3。

安装完 Sublime Text 3 后，发现都是英文，四级没过的同学怎么办？当然是汉化。

（1）下载汉化安装包。

下载地址为 http://pan.baidu.com/s/1qWnBNvI，用微信登录百度网盘，下载安装包，然后进行解压，如图 1.42 所示。

 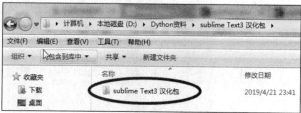

图 1.41　Package Control 安装成功　　　　图 1.42　下载解压汉化包

（2）安装汉化包（将汉化包复制到 Installed Packages 文件夹中）。

进入 D:\Sublime Text3\Data\Installed Packages（根据你的安装目录去寻找 Installed Packages，本文是安装在 D 盘），将刚刚下载的汉化包解压，把得到的文件 Default.sublime-package 复制到 Installed Packages 文件夹中，这时就会发现汉化成功，如图 1.43 和图 1.44 所示。

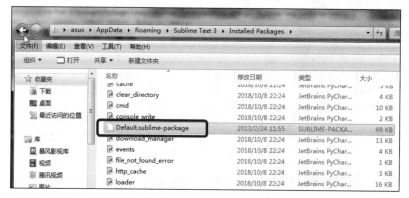

图 1.43　将汉化包复制到对应的 Installed Packages 文件夹下

图 1.44　汉化成功后的 Sublime Text 界面

第五步：安装插件（以安装 ConvertToUTF8 插件为例）。

ConvertToUTF8 能将除 UTF8 编码之外的其他编码文件在 Sublime Text 中转换成 UTF8 编码，在打开文件时一开始会显示乱码，然后就自动显示出正常的字体，当然，在保存文件之后原文件的编码格式不会改变。

安装方法一：按 Shift+Ctrl+P 组合键打开 Command Palette 悬浮对话框，在顶部输入 install，然后选择 Package Control:Install Package，如图 1.45 所示。

在出现的悬浮对话框中输入 Convert，然后单击下面的 ConvertToUTF8 插件，就会自动开始安装，请耐心等待，如图 1.46 所示。

第 1 章　从这里开始认识 Python

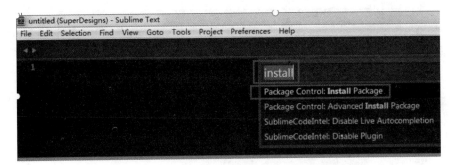

图 1.45　选择 Package Control:Install Package

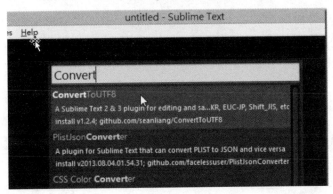

图 1.46　安装 ConvertToUTF8 插件

当插件安装成功后，Sublime Text 3 编辑器底端的状态栏会有安装成功的提示。

安装方法二：下载完整的插件包后解压，放入 C:\Users\userName\AppData\Roaming\Sublime Text 3\Packages 目录下，以达到安装插件的目的。下载地址为 https://github.com/seanliang/ConvertToUTF8。

如何找到 Packages 目录？一个快捷的方法是：双击打开 Sublime Text 3，选择 Preferences→Browse Packages...命令，如图 1.47 所示。

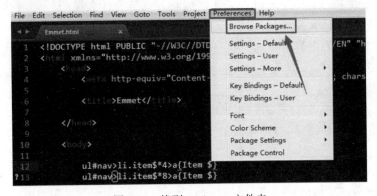

图 1.47　找到 Packages 文件夹

它会直接打开插件包存放的目录 Packages，然后你就可以把下载并解压好的插件包复制到这个 Packages 目录下，如图 1.48 所示。当然，如果你熟悉 git，还可以用 git 从插件的 GitHub 库直接克隆插件包到 Packages 目录下。

· 21 ·

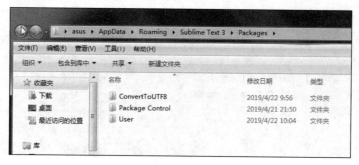

图 1.48　Packages 目录

备注：所有插件都可以通过以上介绍的两种方法安装，以后将不再赘述。推荐方法一，使用 Package Control 安装插件。

本章学习评价

完成下列各题，并通过完成本章的各种交流、实践等内容，综合评价自己在知识与技能、解决实际问题的能力以及相关情感态度与价值观的形成等方面，是否达到了本章的学习目标。

1. Python 的创始人为_____。1989 年圣诞节期间，_____为了在阿姆斯特丹打发时间，决心开发一组新的脚本解释程序，作为 ABC 语言的一种继承。

2. Python 语言是少有的一种可以称得上既简单又功能强大的_____。

3. Python 有几种编译器：CPython、_____、_____、_____、_____。

4. Python 可以在_____、_____、_____、_____、_____等方面应用。

5. PyCharm 和 Sublime Text 3 都是_____，但是_____ Python 自带的不能汉化，_____是可以汉化的。

6. 为什么安装 Package Control 总是不能成功？安装有什么技巧？

7. 本章对你启发最大的是_____。

8. 你还不太理解的内容有_____。

9. 你还学会了_____。

10. 你还想学习_____。

11. 编写一组程序，让计算机输出你的姓名（拼音）。

12. 请描述一下如何在你的计算机上安装 Python。

第 2 章　Python 语法基础

欢迎来到 Python 的世界！在前面的学习中，我们学习了 Python 编程技术及其发展历程，初步形成了对 Python 开发流程及方法的认识，领略了 Python 的奇妙之道，感悟到语法规则是 Python 程序设计的关键环节，那么，Python 程序代码有什么规则呢？

本章将从一些生动有趣的具体实例出发，在实验过程中学习 Python 的基础语法，把枯燥无味的语法变为有趣的活动课堂，让学生尽快掌握 Python 语言基础知识。

本章主要知识点：

➢ 我的第一组程序
➢ Python 语句及标识
➢ Python 常量与变量
➢ Python 数据类型
➢ Python 数值转换
➢ Python 基本函数

2.1　我的第一组程序

知识链接

日常生活中，经常使用到打印机将计算机中的文档从打印机上打印出来，但是我们不知道如何实现。其实在程序设计中用一个指令 print，就可以实现输出，它可以向打印机输出，也可以在屏幕上显示出来。从显示器上简单显示运行结果的格式是：print("要打印的内容")，但要格式化，输出要求就不同了。

1. 使用方法

```
print(self, *args, sep=' ', end='\n', file=None)
```

其中，file 是指默认输出到打印控制台，也可以输出到文件（文件已被打开）；sep 是指字符串插入在多个值之间，默认为一个 space；end 是指在字符串末尾最后一个值后添加一个符号，默认为换行符。

2. 使用 print 的目的

输出一系列的值，默认调用了 sys.stdout.write()方法将输出打印到控制台。
例如：

```
print("egons")
print("alex", "erick", "ergou", sep=" abc ")
len1=["alex", "erick", "ergou"]
"""
```

结果输出:

```
egons
alex abc erick abc ergou
alex erick ergou
```

课堂任务

1. 学习启动 Python 和 IDLE,了解 Python 界面及编程环境。
2. 编写第一个程序在屏幕上显示 hello world 字符。

探究活动

第 1 章完成了 Python 程序及编辑器安装之后,我们可以单击屏幕左下角的 WINDOWS 标志,选择"所有程序"菜单中 Python 3.8 中的第一项 IDLE(Python 3.8 32-bit),如图 2.1 所示。

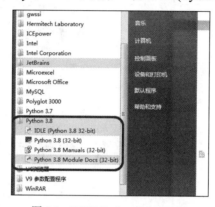

图 2.1　IDLE(Python 3.8 32-bit)

IDLE 是 Python 自带的程序编辑器,打开之后出现如图 2.2 所示的界面。

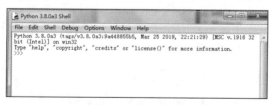

图 2.2　Shell 界面

在这个界面中,Shell 是外壳的意思,指给用户的操作界面。选择 File→New File 命令,新建文件是空白的,等待用户录入程序代码,如图 2.3 所示。

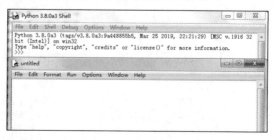

图 2.3　新建文件

在新建文件中输入 print("hello world")，然后按 F5 键运行第一条程序，结果如图 2.4 所示。

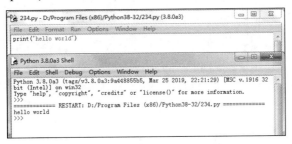

图 2.4　运行第一条程序结果

课堂练习

1. 使用 print 输出你自己的姓名及座位号。
2. 使用 print 输出你家的地址，并通过按 F5 键或菜单 Run 运行，观察结果。
3. 把刚才编写的程序用你的名字拼音存在 D 盘里，然后用另存为的方式把程序存在你指定的文件夹里。
4. 观察编程界面，看看在哪里找到运行结果。

想创就创

1. 请你编写程序分别打印出如下图形。

```
      *                  888888888              &&&&&&&&&&&&
     ***                  8       8              &          &
    ******               888888888              &&&&&&&&&&&&
```

2. 如果要输出一个五角星，你会吗？除此之外，还可以打印输出更加好玩的什么图形呢？

2.2　Python 语句及标识

知识链接

1. Python 语句的缩进

Python 语言与 Arduino、Java、C#等编程语言最大的不同点是，Python 代码块使用缩进对齐表示代码逻辑，而不是像 Arduino 一样使用花括号。这对习惯用花括号表示代码块的程序员来说，确实是学习 Python 的一个障碍。

Python 每段代码块缩进的空白数量可以任意，但要确保同段代码块语句必须包含相同的缩进空白数量。

例 1：由于缩进没有对齐而产生的语法错误。
#IF 语句示例：

```
a=input("请输入第一个数")b=input("请输入第二个数")if  a > b:print("a>b")
else:print("a<b")
```

else 语句的 print 函数和 if 语句的 print 函数没有缩进对齐,会产生语法错误,如图 2.5 所示。

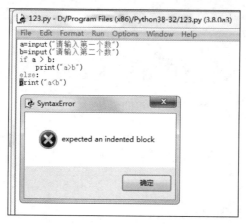

图 2.5　代码块没有缩进对齐产生的语法错误

建议在代码块的每个缩进层次使用单个制表符或两个空格,切记不能混用。

2. Python 的多行语句

Python 语句一般以新的一行作为前面语句的结束。但在一些情况下,有可能一条语句需要在多行输出,如语句过长,导致编辑器的窗口宽度不能完全显示时,就可以使用"\"将一行语句分为多行显示。

例 2：多行显示一条语句。

```
>>>import sysprint('Hello World')
>>>bookbrief='课程阐述 Python 的核心内容,\包括基本的概念和语句、Python 对象、映射和集合类型、\文件的输入和输出、函数和函数式编程等内容。'
>>>sys.stdout.write(bookbrief)
```

3. Python 引号

在 Python 语言中,引号主要用于表示字符串。可以使用单引号（'）、双引号（"）、三引号（'''），引号必须成对使用。单引号和双引号用于程序中的字符串表示;三引号允许一个字符串跨多行,字符串中可以包含换行符、制表符以及其他特殊字符,三引号也用于程序中的注释。

例 3：引号的应用。

```
>>>bookname = 'Python 编程基础'
>>>bookbrief = "这是一本学习 Python 编程的书"
>>>paragraph ="""图书主要阐述 Python 的核心内容,包括基本的概念和语句、Python 对象、映射和集合类型、文件的输入和输出、函数和函数式编程等内容。"""
```

4. Python 标识符

标识符用于 Python 语言的变量、关键字、函数、对象等数据的命名。标识符的命名需要遵循下面的规则。

（1）可以由字母（大写 A~Z 或小写 a~z）、数字（0~9）和_（下画线）组合而成,但不能由数字开头。

（2）不能包含除下画线以外的任何特殊字符,如%、#、&、逗号、空格等。

（3）不能包含空白字符（换行符、空格和制表符称为空白字符）。
（4）标识符不能是 Python 语言的关键字和保留字。
（5）标识符区分大小写，num1 和 Num2 是两个不同的标识符。
（6）标识符的命名要有意义，做到见名知意。

例 4：正确标识符的命名示例。

width、height、book、result、num、num1、num2、book_price。

例 5：错误标识符的命名示例。

123rate（以数字开头）、Book Author（包含空格）、Address#（包含特殊字符）、class（calss 是类关键字）。

5. Python 关键字

Python 预先定义了一部分有特别意义的标识符，用于语言自身使用。这部分标识符称为关键字或保留字，不能用于其他用途，否则会引起语法错误，随着 Python 语言的发展，其预留的关键字也会有所变化，如表 2.1 所示。

表 2.1 Python 预留的关键字表

保留字	说 明	保留字	说 明
and	用于表达式运算，逻辑与操作	finally	用于异常语句，出现异常后，始终要执行 finally 包含的代码块，与 try、except 结合使用
as	用于类型转换	from	用于导入模块，与 import 结合使用
assert	断言，用于判断变量或条件表达式的值是否为真	if	与 else、elif 结合使用
break	中断循环语句的执行	globe	定义全局变量
class	用于定义类	or	用于表达式运算，逻辑或操作
continue	继续执行下一次循环	in	判断变量是否在序列中
def	用于定义函数或方法	is	判断变量是否为某个类的实例
del	删除变量或序列的值	lambda	定义匿名变量
elif	条件语句，与 if、else 结合使用	not	用于表达式运算，逻辑非操作
else	条件语句，与 if、elif 结合使用，也可用于异常和循环语句	import	用于导入模块，与 from 结合使用
except	except 包含捕获异常后的操作代码块，与 try、finally 结合使用	try	try 包含可能会出现异常语句，与 except、finally 结合使用
exec	用于执行 Python 语句	print	打印语句
for	for 循环语句	raise	异常抛出操作
return	用于从函数返回计算结果	pass	空的类、方法、函数的占位符
while	while 的循环语句	with	简化 Python 语句
yield	用于从函数依此返回值	nonlocal	用来声明外层的局部变量
false	布尔类型的值，表示"假"，与 True 相反	true	布尔类型的值，表示"真"，与 False 相反

6. 注释

在编程过程中，为了让程序员方便阅读程序语句的含义，通常在程序语句后面加上注释，但这个注释不影响程序运行。在 Python 语言中有几种方法解决，笔者常用的是使用"#"和 3 个单引号（或 3 个双引号）的方法。"#"应用于单行注释，3 个单引号（或 3 个双引号）应用于多行注释。例如：

```
'''hello python
hello world'''
```

或

```
"""hello python
hello world"""
```

7. Python 算术运算符

Python 算术运算符如表 2.2 所示。

表 2.2　Python 算术运算符

运算符	描述	实例
+	加：两个对象相加	a+b 输出结果是 30（假设 a=10，b=20，下同）
-	减：得到负数或是一个数减去另一个数	a-b 输出结果是-10
*	乘：两个数相乘或是返回一个被重复若干次的字符串	a*b 输出结果是 200
/	除：x 除以 y	b / a 输出结果是 2
%	取模：返回除法的余数	b % a 输出结果是 0
**	幂：返回 x 的 y 次幂	a**b 为 10 的 20 次方，输出结果是 100000000000000000000
//	取整除：返回商的整数部分（向下取整）	>>> b // a

8. Python 比较运算符

Python 比较运算符如表 2.3 所示。

表 2.3　Python 比较运算符

运算符	描述	实例
==	等于：比较对象是否相等	(a == b)返回 False（假设 a=10，b=20，下同）
!=	不等于：比较两个对象是否不相等	(a != b)返回 True
<>	不等于：比较两个对象是否不相等	(a <> b)返回 True。这个运算符类似!=
>	大于：返回 x 是否大于 y	(a > b)返回 False
<	小于：返回 x 是否小于 y。所有比较运算符返回 1 表示真，返回 0 表示假。这分别与特殊的变量 True 和 False 等价	(a < b)返回 True
>=	大于等于：返回 x 是否大于等于 y	(a >= b)返回 False
<=	小于等于：返回 x 是否小于等于 y	(a <= b)返回 True

课堂任务

Python 的语法和其他编程语言的语法有所不同，编写 Pathon 程序之前需要对语法有所了解，才能编写规范的 Python 程序。因此，本节课堂任务是：

1．掌握 Python 的基句语法和标识符的使用规则。
2．识别 Python 预留的关键字。

探究活动

任务 1

通过知识链接部分，可以了解相关语法，现在我们来探究如何改正：把以下程序输入到在 Python 自带的 IDLE 编辑器里，在编辑器里运行，发生错误，如图 2.5 所示。按规范进行缩进，再按 F5 键运行一次，如图 2.6 所示。

例 1：由于缩进没有对齐而产生的语法错误。

修改前程序：　　　　　　　　　　　修改后程序：

```
#IF 语句示例                        #IF 语句示例
a=input("请输入第一个数")            a=input("请输入第一个数")
b=input("请输入第二个数")            b=input("请输入第二个数")
if a > b:                          if a > b:
    print("a>b")                       print("a>b")
else:                              else:
print("a<b")                           print("a<b")
```

以上两段程序中，不同的就是缩进问题，修改后的程序运行结果如图 2.6 所示。

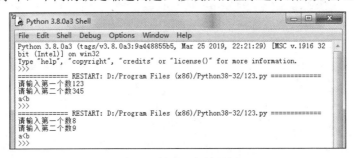

图 2.6　缩进运行结果图

任务 2

符号"\\"在编辑器中的使用。在 Python 自带的 IDLE 编辑器中输入如下程序，如图 2.7 所示，然后按 F5 键运行程序，如图 2.8 所示。

```
import sys
print('Hello World')
bookbrief='课程阐述 Python 的核心内容,\包括基本的概念和语句、Python 对象、映射和集合类型、\文件的输入和输出、函数和函数式编程等内容.'
sys.stdout.write(bookbrief)
```

图 2.7　符号"\\"的使用

图 2.8　使用符号"\"的效果

任务 3

在 Python 自带的 IDLE 编辑器中输入如下程序，如图 2.9 所示。然后按 F5 键运行程序，如图 2.10 所示。

```
bookname = 'Python编程基础'
bookbrief = "这是一本学习Python编程的书"
paragraph = """图书主要阐述Python的核心内容，包括基本的概念和语句、Python对象、映射和集合类型、文件的输入和输出、函数和函数式编程等内容。"""
```

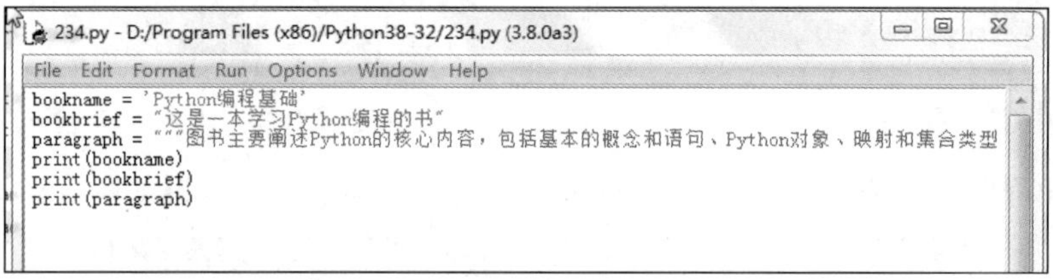

图 2.9　引号的应用

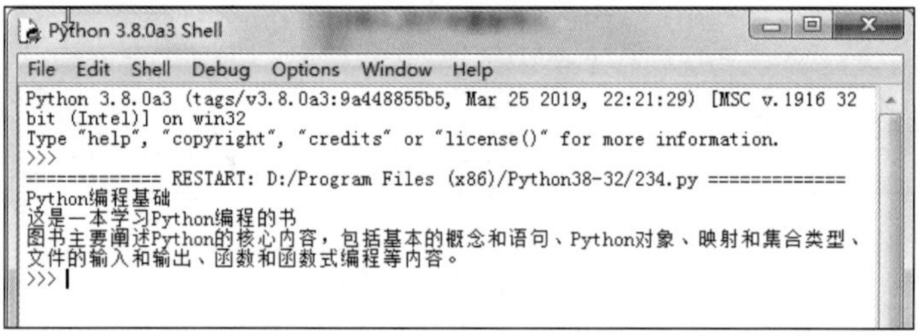

图 2.10　引号的应用效果

拓展训练

1. 有一字符串很长，如何写成多行？

提示：除使用括号的办法可以做到之外，还有哪些方法？

```
sql = ("select *" "
       from a " "
where b = 1")
```

2. 3 个单引号（或 3 个双引号）也可以表示跨行字符串，在 Python 的 shell 界面上操作如下代码，观察结果。

```
>>> s='''
... hello
... python
... '''
```

```
    >>> print s
hello
python
>>>
```

2.3 Python 常量与变量

知识链接

1. Python 常量

在 Python 程序中不会发生变化的量，称之为常量。例如，圆周率等于 3.1415926…这个圆周率的值就是常量。常量分为数值常量、字符型常量、日期常量、时间常量等。字符型常量是用引号引起来的一串字符。

不同的常量，输出格式不同。数值常量输出：print(数值)；字符常量输出：print("字符")。例如，print(3)、print("345abc")等格式都是对的。但 print 3 和 print "345abc" 都是不对的。

2. Python 变量

变量本身是一个标识符，需要命名，其实就是会发生变化的量，称之为变量。变量的特点：产生变量在内存中的唯一地址（读者不能直接看到）；变量对应一个值（值有类型，可以修改）。变：变化，重在变字，量：计量，衡量，表示一种状态。

（1）变量命名规则。以字母开头，后面可以由数字、字母、下画线等任意组合的串字符，数字不能开头，Python 的关键字不能用，变量名尽量有意义，归纳为以下几点。

① 变量名只能包含字母、数字和下画线。变量名可以字母或下画线开头，但不能以数字开头，例如，可将变量命名为 message_1，但不能将其命名为 1_message。

② 变量名不能包含空格，但可使用下画线来分隔其中的单词。例如，变量名 greeting_message 可行，但变量名 greeting message 会引发错误。

③ 不要将 Python 关键字和函数名用作变量名，即不要使用 Python 保留用于特殊用途的单词，如 print。

④ 变量名应既简短又具有描述性。例如，name 比 n 好，student_name 比 s_n 好，name_length 比 length_of_persons_name 好。

⑤ 慎用小写字母 l 和大写字母 O，因为它们可能被人错看成数字 1 和 0。

注意：应使用小写的 Python 变量名。在变量名中使用大写字母虽然不会导致错误，但避免使用大写字母是个不错的主意。

（2）变量赋值方法。变量是用来存储数据的，通过标识符可以获取变量的值，也可以对变量进行赋值。对变量赋值的意思是将值赋给变量，赋值完成后，变量所指向的存储单元存储了被赋的值，在 Python 语言中赋值操作符为 "=、+=、-=、*=、/=、%=、**=、//="。

当程序使用变量存储数据时，必须要先声明变量，然后才能使用。声明变量的语法如下。

```
identifier [ = value];
```

其中，identifier 是标识符，也是变量名称。value 为变量的值，该项为可选项，可以在变量声明时给变量赋值，也可以不赋值。例如，level = 1，其中 level 是变量名；符号"="是赋值符号；1 是要给变量 level 赋值的值。除了"="外，还有其他赋值类型，如表 2.4 所示。

表 2.4 Python 赋值符号

运 算 符	描 述	实 例
=	简单的赋值运算符	c = i + j 表示将 i + j 的运算结果赋值为 c
+=	加法赋值运算符	c += i 等效于 c = c + i
-=	减法赋值运算符	c -= i 等效于 c = c - i
*=	乘法赋值运算符	c *= i 等效于 c = c * i
/=	除法赋值运算符	c /= i 等效于 c = c / i
%=	取模赋值运算符	c %= i 等效于 c = c % i
**=	幂赋值运算符	c **= b 等效于 c = c ** b
//=	取整除赋值运算符	c //= b 等效于 c = c // b

声明变量时，不需要声明数据类型，Python 会自动选择数据类型进行匹配。

例 1：变量声明示例。

```
result;
width;
```

例 2：变量声明并赋值示例。

```
result = 30;
name="Peter";
```

（3）变量值的输出。要输出变量的值，首先要给变量赋值，否则会出错。对已经赋过值的变量用 print(变量)就可以输出。

例 3：

```
x=3
print(x)
```

这里要说明一下，Python 和其他语言不同，数值变量名和字符变量名不再用$来区别，只是在赋值时，字符串常量用单引号、双引号或三引号标出来再赋值给变量即可。

课堂任务

1. 理解数据常量和字符常量。
2. 变量的声明和赋值。

探究活动

在 Python 自带的 IDLE 编辑器中输入如下程序，如图 2.11 所示。然后按 F5 键运行程序，如图 2.12 所示。

```
x=3
print("x=", x),
y=8
```

```
print("y=", y)
x=y
print("x=", x)
Print("y=", y)
```

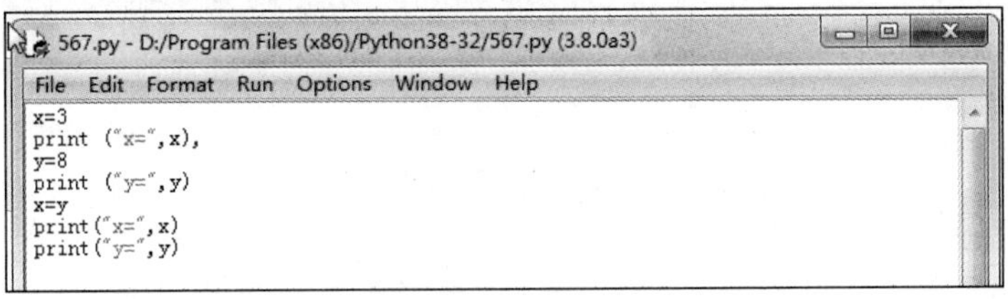

图 2.11 变量录入

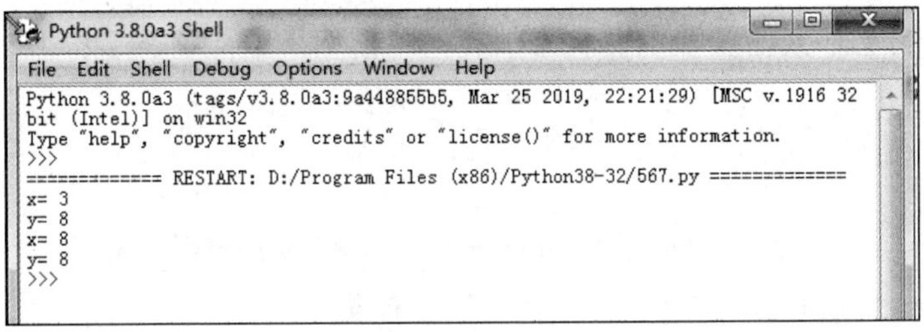

图 2.12 运行结果

如图 2.11 所示，刚开始，对变量 x 赋的值是 3，输出显示 x=3；对变量 y 赋的值是 8，输出显示 y=8；当把 y 的值赋给 x 时，输出显示 x=8。说明变量的值是可以变化的。我们再看看 y 的值赋给 x 之后，输出显示 y 的值没有变化还是 8，为什么？

拓展训练

1．简单消息：将一条消息存储到变量中，再打印出来。

```
message = "I am a student."
print(message)
```

2．多条简单消息：将一条消息存储到变量，打印出来；修改变量值为另外一条消息，再打印出来。

```
message = "I am a student."
print(message)
message = "You are a teacher."
print(message)
```

课外训练

1．个性化消息：将用户的名字存储到变量，并向该用户显示一条消息。

```
name = "Mary"
print("Hello " + name + ", welcome to China!")
```

2．名言：找一句你钦佩的名人说的名言，将这个名人和他的名言打印出来。

```
print('欧文说，"真理唯一可靠的标准就是永远自相符合"')
```

3. 变量的加减乘除运算。

```
X=3
Y=6
Z=X+Y
print("X+Y=", Z"Y/X=", Y/X, "Y*X=", X*Y, "Y-X=", Y-X)
```

2.4　基本数据类型

知识链接

Python 提供的基本数据类型主要有布尔类型、整型、浮点型、字符串、列表、元组、集合、字典等。

1. 空（None）

表示该值是一个空对象，空值是 Python 里一个特殊的值，用 None 表示。None 不能理解为 0，因为 0 是有意义的，而 None 是一个特殊的空值。

2. 布尔类型（Boolean）

在 Python 中，None、任何数值类型中的 0、空字符串" "、空元组()、空列表[]、空字典{}都被当作 False，还有自定义类型，如果实现了 nonzero()或 len()方法且方法返回 0 或 False，则其实例也被当作 False，其他对象均为 True。布尔值和布尔代数的表示完全一致，一个布尔值只有 True、False 两种值，要么是 True，要么是 False，在 Python 中，可以直接用 True、False 表示布尔值（请注意大小写），也可以通过布尔运算计算出来。

3. 整型（Int）

在 Python 内部对整数的处理分为普通整数和长整数，普通整数长度为机器位长，通常都是 32 位，超过这个范围的整数就自动当长整数处理，而长整数的范围几乎完全没限制，Python 可以处理任意大小的整数，当然包括负整数，在程序中的表示方法和数学上的写法一模一样，如 1、100、-8080、0 等。

4. 浮点型（Float）

Python 的浮点数就是数学中的小数，类似 C 语言中的 double。在运算中，整数与浮点数运算的结果是浮点数，浮点数也就是小数，之所以称为浮点数，是因为按照科学记数法表示时，一个浮点数的小数点位置是可变的，例如，$1.23×10^9$ 和 $12.3×10^8$ 是相等的。浮点数可以用数学写法，如 1.23、3.14、-9.01 等。但是对于很大或很小的浮点数，就必须用科学计数法表示，把 10 用 e 替代，$1.23×10^9$ 就是 1.23e9，或者 12.3e8（也可以写成 12.3e+8），0.000012 可以写成 1.2e-5，等等。

整数和浮点数在计算机内部存储的方式是不同的，整数运算永远是精确的（除法难道也是精确的？是的），而浮点数运算则可能会有四舍五入的误差。

5. 字符串（String）

Python 的字符串既可以用单引号（' '），也可以用双引号括起来（" "），甚至还可以用三引号（""" """）括起来，字符串是以"或"括起来的任意文本，如'abc'、'xyz'等。请注意，"或" "本身只是一种表示方式，不是字符串的一部分，因此，字符串'abc'只有 a、b、c 这 3 个字符。如果''（单引号）本身也是一个字符，那就可以用" "（双引号）括起来，如"I'm OK"包含的字符是 I、'、m、空格、O、K 这 6 个字符。如果字符串内部既包含' 又包含 "怎么办？可以用转义字符"\"来标识。

Python 字符串的常用操作，如字符串的替换、删除、截取、赋值、连接、比较、查找、分割等，如表 2.5 所示。

表 2.5 字符串操作汇总表

字符串操作	格 式	实 例
删除空格	str.strip()：删除字符串两边的指定字符，括号的写入指定字符，默认为空格	a='hello' b=a.strip()3 print(b)
删除字符	str.lstrip()：删除左边指定字符； str.rstrip()：删除右边指定字符	>>> a='world' >>>a.rstrip("d") worl

连接字符串	用加号+连接两个字符串。
	用 str.join 函数连接两个字符串。
	关于 join，读者可以自己去查看一些相关资料
		>>>a='hello'
		>>> b='world'
		>>> print(a+b)
		hello world

查找字符串	str.index 和 str.find 功能相同，区别在于 find()查找失败会返回-1，不会影响程序运行。一般用 find!=-1 或者 find>-1 来作为判断条件。
	str.index：待检测字符串#str，可指定范围
		>>> a='hello world'
		>>> a.index('l')
		2
		>>> a='hello world'
		>>> a.find('l')
		2

截取	str = '0123456789'; print str[0:3] #截取第 1～3 位的字符； print str[:] #截取全部字符； print str[6:] #截取第 7 个字符到结尾； print str[:-3] #截取从头开始到倒数第 3 个字符之前； print str[2] #截取第 3 个字符； print str[-1] #截取倒数第一个字符； print str[::-1] #创造一个与原字符串顺序相反的字符串； print str[-3:-1] #截取倒数第 3 位与倒数第 1 位之前字符； print str[-3:] #截取倒数第 3 位到结尾	str = '0123456789' print str[0:3] #截取第 1～3 位的字符
分割	s.split("e")是对字符串 s 中查 e 字符，取出 e 字符之后，e 字符左右的字符变成独立的字符串，实现分割	>>>s="alexalec" >>>print(s.split("e")) #输出结果 ['al', 'xal', 'c']
替换	s.replace("al", "BB")，是将字符串中的 al 替换成 BB	>>>s="alex SB alex" >>>s.replace("al","BB") >>>print(ret) #输出结果 BBex SB BBex

续表

字符串操作	格 式	实 例
字符串长度	Len("字符串")字符串长度	>>>a='hello world' >>>print(len(a))
字符串比较	比较字符串是否相同：使用==来比较两个字符串内的 value 值是否相同；使用 is 比较两个字符串的 id 值	>>>"12345"=="12345678" >>>False

除了以上所述的基本数据类型之外，还有列表、元组、集合、字典等数据类型在第 4 章论述。

课堂任务

1．了解基本数据类型。
2．掌握数值型数据。
3．掌握字符串操作方案。

探究活动

任务 1

创建字符串，可以通过双引号（""）或者单引号（''）来创建。

```
str1='hello'
str2="python"
print(str1)
print(type(str1))
print(str2)
print(type(str2))
```

任务 2

字符串的拼接，是指将 str1 和 str2 拼接成一个新的字符串 str3，主要有两种方式。
方式 1：用"+"号来拼接。

```
str3=str1+str2
print("这是str3:"+str3)
```

方式 2：用 join 方法来链接两个字符串。

```
str4=','.join(str1)
print(str4)
```

任务 3

去掉空格和换行符(/r).strip()方法。

```
name=" python学习-5"
print('变换前', name)
name=name.strip()
print('变换后', name)
```

任务 4

查看字符串是否都是字母或文字，并至少有一个字符。

```
name1='abcdef'
name2 = 'python21 学习群'
print(name1.isalpha())
print(name2.isalpha())
```

课堂练习

1. 创建字符串，可以通过双引号（""）或者单引号（''）来创建。

```
str1='hello'
str2="python"
print(str1)
print(type(str1))
print(str2)
print(type(str2))
```

2．print()方法默认在打印完成后会换行，其实它有一个 end 参数，可以用 end=""来去除换行。

```
print(str1)
print(str2)
print("-----------------")
print(str1, end=",")
print(str2, end=',')
```

3．print()方法在打印多行的字符时，默认是以一个空格来分隔的。我们可以使用 sep 来指定分隔的符号。

```
name="python 学习"
print("hello", name)
print("hello", name, sep='-------->>>>>')
```

4．Python 3 之后建议用.format()来格式化字符串。第一个括号接收的是 1，第二个接收的是 2，第三个接收的是（1+2）。

```
str5='{}加{}等于{}'.format(1, 2, 1+2)
print(str5)
```

5．去掉某个字符串。

```
name=name.strip('-5')
print(name)
name=" python 学习-5"
name=name.lstrip()
print(name)
name=" python 学习-5"
name=name.rstrip()
print(name)
```

拓展训练

1．查找某个字符在字符串中出现的次数。

```
name="python 学 n 习 -5"
```

```
name_count=name.count('n')
print('n 出现了: ', name_count, end="次")
```

2. 首字母大写。

```
print('-------------------')
name = 'python 学习群'
name=name.capitalize()
print(name)
```

3. 把字符串放中间,两边用"-"补齐。

```
name = 'python 学习群'
print('-------------------')
name=name.center(40, '+')
print(name)
```

4. 在字符串中找到目标字符的位置,有多个时返回第一个所在位置,找不到时返回-1。

```
name = 'python 学习群'
i=name.find('学')
temp='{}中{}第一次出现在第{}个位置'.format(name, '学', i)
print(temp)
```

5. 字符串替换。

```
name = 'python 学习群'
name=name.replace('python', 'java')
print(name)
```

6. 查看是否都是数字。

```
name='121212'
name2='asa12121'
print(name.isdigit())
print(name2.isdigit())
```

7. 查看是否都是小写使用 islower(),是否都是大写使用 isupper()。

```
name="asasas"
print(name.islower())
print(name.isupper())
```

8. 字符串分割。

```
word = "人生不止,寂寞不已。寂寞人生爱无休,寂寞是爱永远的主题。我和我的影子独处。它说它有悄悄话想跟我说。它说它很想念。"
"你,原来,我和我的影子都在想你。"
wordsplit=word.split(', ')
print(wordsplit)
```

2.5 数值转换

知识链接

Python Number 数据类型用于存储数值。数据类型是不允许改变的,这就意味着如果改变

Number 数据类型的值，将重新分配内存空间。

2.4 节已经描述了数据类型，归纳起来，Python 支持以下 4 种不同的数值类型。

（1）整型（Int）。通常被称为是整型或整数，是正或负整数，不带小数点。

（2）长整型（Long Integers）。无限大小的整数，整数最后是一个大写或小写的 L。

（3）浮点型（Floating Point Real Values）。浮点型由整数部分与小数部分组成，浮点型也可以使用科学计数法表示（$2.5e2 = 2.5 \times 10^2 = 250$）。

（4）复数（Complex Numbers）。复数由实数部分和虚数部分构成，可以用 a+bj，或者 complex(a,b)表示，复数的实部 a 和虚部 b 都是浮点型。

Python Number 数据类型之间如何转换呢？我们一般会用到转换指令，也叫转换函数，如表 2.6 所示。

表 2.6 Number 类型转换函数

转换函数	描述	转换函数	描述
int(x [,base])	将 x 转换为一个整数	tuple(s)	将序列 s 转换为一个元组
long(x [,base])	将 x 转换为一个长整数	list(s)	将序列 s 转换为一个列表
float(x)	将 x 转换为一个浮点数	chr(x)	将一个整数转换为一个字符
complex(real [, imag])	创建一个复数	unichr(x)	将一个整数转换为Unicode字符
str(x)	将对象 x 转换为字符串	ord(x)	将一个字符转换为它的整数值
repr(x)	将对象 x 转换为表达式字符串	hex(x)	将一个整数转换为一个十六进制字符串
eval(str)	用来计算在字符串中的有效 Python 表达式，并返回一个对象	oct(x)	将一个整数转换为一个八进制字符串

课堂任务

1. 了解数据类型的特征及其用途。
2. 重点掌握数据类型之间互相转换的方法。

探究活动

任务 1

把 str(x)转为字符串函数，请按图 2.13 所示进行操作。

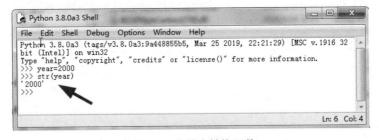

图 2.13　字符串转换函数

任务 2

ord(x)把 ASCII 字符转换为十进制数，请按图 2.14 所示进行操作。

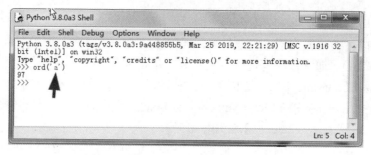

图 2.14 把 ASCII 字符转换为十进制数

任务 3

chr(x)把十进制数转换为 ASCII 字符，请按图 2.15 所示进行操作。

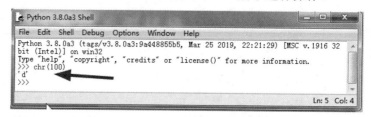

图 2.15 把十进制数转换为 ASCII 字符

任务 4

将一个整数 100 转换为一个十六进制字符串，请按图 2.16 所示进行操作。

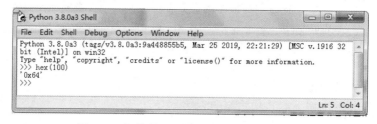

图 2.16 把整数 100 转换为十六进制字符串

任务 5

将数值型 88 转换为表达式字符串，请按图 2.17 所示进行操作。

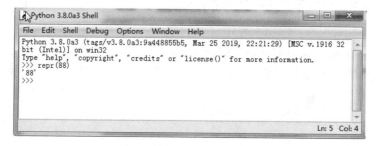

图 2.17 数值转换为字符串

课堂练习

1. int：将符合数学格式数字型字符串转换成整数。

```
>>> int('123')
123
```

2．str：将数字转换成字符或字符串。

```
>>> str(123)
'123'
```

3．float：将整数和数字型字符串转换成浮点数。

```
>>> float('123')
123.0
>>> float(123)
123.0
```

2.6 基本函数

知识链接

函数是 Python 程序的重要组成单位，一条 Python 程序可以由很多个函数组成。前面我们已经用过大量函数，如 len()、max()等，使用函数是真正开始编程的第一步。

通俗地讲，所谓函数，是指为一段实现特定功能的代码"取"一个名字，以后即可通过该名字来执行（调用）该函数。一般情况下，函数可以接收零个或多个参数，也可以返回零个或多个值。从函数使用者的角度来看，函数就像一个"黑匣子"，程序将零个或多个参数传入这个"黑匣子"，该"黑匣子"经过一番计算即可返回零个或多个值。如表 2.7～表 2.9 所示函数都是常用的函数。

表 2.7 Python 数学函数

函　数	描　述	函　数	描　述
abs(x)	返回数字的绝对值，如 abs(-10) 返回 10	ceil(x)	返回数字的上入整数，如 math.ceil(4.1)返回 5
cmp(x,y)	如果 x<y，返回-1；如果 x==y，返回 0；如果 x>y，返回 1	exp(x)	返回 e 的 x 次幂(e^x)，如 math.exp(1) 返回 2.718281828459045
fabs(x)	返回数字的绝对值，如 math.fabs(-10)返回 10.0	floor(x)	返回数字的下舍整数，如 math.floor(4.9)返回 4
log(x)	如 math.log(math.e)返回 1.0，math.log(100, 10)返回 2.0	log10(x)	返回以 10 为基数的 x 的对数，如 math.log10(100)返回 2.0
max(x1, x2, ...)	返回给定参数的最大值，参数可以为序列	min(x1, x2,...)	返回给定参数的最小值，参数可以为序列
modf(x)	返回 x 的整数部分与小数部分，两部分的数值符号与 x 相同，整数部分以浮点型表示	pow(x, y)	x**y 运算后的值
round(x [,n])	返回浮点数 x 的四舍五入值，如给出 n 值，则代表舍入小数点后的位数	sqrt(x)	返回数字 x 的平方根

表 2.8 Python 随机数函数

函　数	描　述	用　法
random.choice(seq)	从序列的元素中随机挑选一个元素，random.choice(range(10))，0～9 中随机挑选一个整数	import random print(random.choice("www.jb51.net")) 从序列中获取一个随机元素
randrange ([start,]stop [, step])	从指定范围内，按指定基数递增的集合中获取一个随机数，基数默认值为 1	import random print(random.randrange(6, 28, 3))
random.random()	随机生成下一个实数，它在[0, 1)范围内	import random print("随机数: ", random.random())
random.seed([x])	改变随机数生成器的种子 seed。x--改变随机数生成器的种子 seed	import random random.seed(10) print(random.random())
random.shuffle(lst)	将序列的所有元素随机排序	import random num=[1, 2, 3, 4, 5, 6] random.shuffle(num) print(num)
random.uniform(x, y)	指定范围内生成随机数，其有两个参数，x 是范围上限，y 是范围下线	import random print(random.uniform(2, 6))
random.sample(x, y)	从指定序列中随机获取指定长度的片段，原有序列不会改变，有两个参数，x 参数代表指定序列，y 参数是须获取的片段长度	import random num = [1, 2, 3, 4, 5] sli = random.sample(num, 3) print(sli)
random.randint(X, Y)	随机生成指定范围内的整数，其有两个参数，Y 是范围上限，X 是范围下线	import random print(random.randint(6, 8))

表 2.9 Python 三角函数

函　数	描　述	函　数	描　述
acos(x)	返回 x 的反余弦弧度值	asin(x)	返回 x 的反正弦弧度值
atan(x)	返回 x 的反正切弧度值	atan2(y, x)	返回给定的 X 及 Y 坐标值的反正切值
cos(x)	返回 x 的弧度的余弦值	hypot(x, y)	返回欧几里得范数 sqrt(x*x + y*y)
sin(x)	返回 x 弧度的正弦值	tan(x)	返回 x 弧度的正切值
degrees(x)	将弧度转换为角度，如 degrees(math.pi/2)，返回 90.0	radians(x)	将角度转换为弧度

课堂任务

1. 掌握基本函数的正确使用方法。
2. 掌握 Python 自带编辑器 IDLE 编写程序的过程。
3. 掌握 Python 使用编辑器编程运行程序的方法。

探究活动

任务 1

以求 x 弧度的正弦值为例，在编程过程中，正确的使用方法是：首先，导入 math 模块，如 import math；其次，math 静态对象调用，如 math.sin(x)；最后，才用 print 输出结果，其中，print 也可以和 math 函数调用时一起使用。

任务 2

使用 Python 自带编辑器 IDLE 编写程序实现输出 sin(X)的正弦值，并运行。

第一步：单击"开始"菜单，在菜单里选择 IDLE (Python 3.8 32-bit)，如图 2.18 所示。

图 2.18 "开始"菜单

第二步：在 IDLE (Python 3.8 32-bit)启动成功的界面里，选择 File→New File 命令，如图 2.19 和图 2.20 所示。

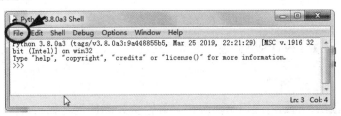

图 2.19 IDLE 界面

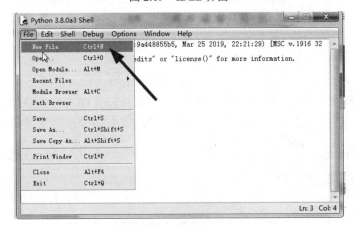

图 2.20 创建新文件

第三步：在创建新文件空白处录入相关函数程序，如图 2.21 所示。这就是我们常说的在 Python 自带 IDLE 编辑器里编写程序过程。

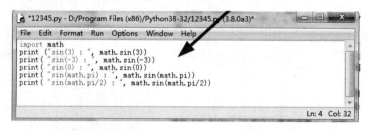

图 2.21　IDLE 编写程序代码

第四步：在编辑器里编好的程序，要等待运行指令才能运行结果，否则，Python 不会运行。有两种方法让它运行，一是直接按 F5 键；二是选择 Run→Run Module F5 命令。按 F5 键之后，系统会提示输入保存文件名及路径。当输入一个文件名，如 12345，系统会自动保存为 12345.py 文件，然后跳出一个窗口，就可以看到结果了，如图 2.22 所示。

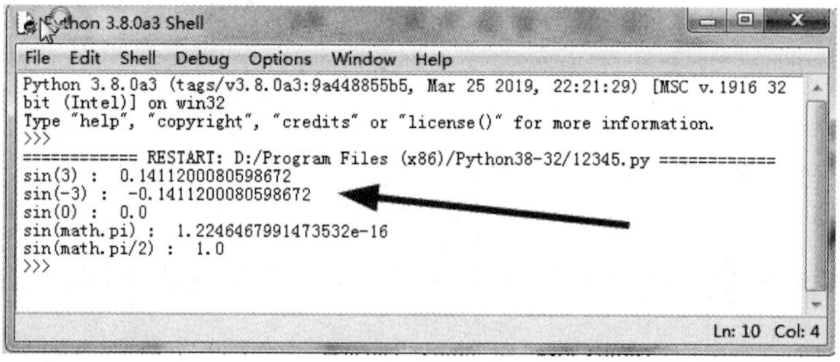

图 2.22　运行结果

以上是以正弦函数 sin(x)为例讲述了函数的使用方法，其他函数使用方法也是如此。

课堂练习

1．模仿正弦函数 sin(x)的应用方法，练习其他函数的使用，如 acos(x)、cos(x)。

2．尝试编程输出一个 random()随机数，写一个函数，求一个字符串的长度，在 main 函数中输入字符串，并输出其长度。

思维拓展

设计一个重量转换器：用 def 定义一个重量转换函数，输入转换公式，返回结果；然后调用自己定义的函数，设置参数为 1200，并将其转换为 kg。编写的程序如图 2.23 所示。

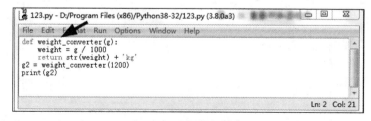

图 2.23　重量转换器程序

如图 2.23 所示的 weight_converter(g)是一个自定义函数，函数内容是 weight=g/1000，算出以 kg 为单位的重量，然后返回值为 str(weight)kg，最后算出函数 weight_converter(X)的以 g 为单位的 X 对应的以 kg 为单位的值，如图 2.24 所示。

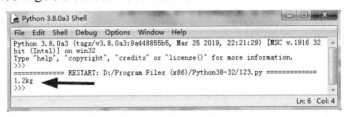

图 2.24　运行结果

从重量转换器设计过程来看，我们可以归纳总结出创建自定义函数的流程是：利用 def 定义函数，然后调用自己定义的函数，打印出结果。

完成这个设计后，可以再尝试一个稍微复杂点的函数。如设计一个求直角三角形斜边长的函数，要求是：两条直角边为参数，求斜边长。在 Python 中可以使用"**"运算符计算幂的乘方，运行出结果。

本章学习评价

完成下列各题，并通过完成本章的知识链接、探究活动、课堂练习、思维拓展等内容，综合评价自己在知识与技能、解决实际问题的能力以及相关情感态度与价值观的形成等方面，是否达到了本章的学习目标。

1. Python 是一种_____开发平台，该平台最初主要基于 AVR 单片机的微控制器和相应的开发软件，目前在国内正受到电子发烧友的广泛关注。
2. Python 编辑器是_____。
3. _____是 Python 自带编辑器。第三方 Python 编辑器有_____。
4. 当程序编写好后，要将文件保存起来。如果是开发一个项目，操作流程是_____。
5. 用 Python IDLE 编写程序的流程是_____。
6. 变量来源于数学，是指_____；是计算机语言中能存储计算结果或者能表示某些值的一种抽象概念。通俗来说，可以认为是给一个值命名。当定义一个变量时，必须指定变量的类型。
7. 常量是指_____。
8. print str[0:3]的作用是_____。
str.lstrip()的作用是_____。
s.replace("a1", "BB")的作用是_____。
print(len(a))的作用是_____。
unichr(x)的作用是_____。
complex(real [, imag])的作用是_____。
random.sample(x, y)的作用是_____。

cmp(x, y)的作用是_____。
atan(x)的作用是_____。
round(x [, n])的作用是_____。
9. Python 自定义函数是指_____。
10. 自定义函数过程的格式是_____。
11. 赋值语句的格式是_____。
12. 简述 Python 中的几种数据类型。
13. 简述两个变量值的关系。
14. 请写出"战争热诚"分别用 utf-8 和 gbk 编码所占的位数。
15. 数据类型的可变与不可变分别有哪些？
16. 简述变量命名规范。
17. 本章对你启发最大的是_____。
18. 你还不太理解的内容有_____。
19. 你还学会了_____。
20. 你还想学习_____。

第 3 章　Python 程序设计

编程是编写程序的简称,就是让计算机为解决某个问题而使用某种程序设计语言编写程序代码,并最终得到相应结果的过程。理论和实践证明,无论多复杂的算法均可通过顺序、选择、循环这 3 种基本控制结构构造出来。每种结构仅有一个入口和出口,由这 3 种基本结构组成的多层嵌套程序称为结构化程序。

本章将通过一些真实的生活案例,沿着程序的顺序、选择、循环等基本控制结构之路,开始学习如何使用 Python 程序设计语言编写程序解决某个真实问题,掌握 Python 的基本语句、程序的基本控制结构以及程序设计的基本思想与方法,培养学生的计算思维和编程能力。

本章主要知识点:
- 程序的顺序结构
- 程序的选择结构
- 程序的循环结构
- 计算机的程序设计

3.1　画　　图

知识链接

编写程序通常用 3 种结构,现在我们学习第一种结构,也就是顺序结构。什么叫顺序结构?就是按照从上到下的顺序,一条语句一条语句地执行,而且没有分支也没有回头地执行,是最基本的结构。下面以画图为例说明顺序结构。

说起画图,我们会想到 Python 自带的 Turtle 库,它是 Python 语言中一个很流行的绘制图像的函数库,使用之前需要导入库(使用语句 import turtle)。我们可以利用这个 Turtle 库画图,实现你喜欢的画图梦想。下面让我们一起来了解一下画图的基本知识。

3.1.1　设置画图窗口的位置和大小

设置显示画图窗口位置和大小的方法是:相对于桌面的起始点的坐标以及窗口的宽度和高度,若不写窗口的起始点,则默认在桌面的正中心。说明一下,窗体的坐标原点也默认在窗口的中心。格式如下。

```
turtle.setup(width,height,startx,starty)
```

3.1.2　画图坐标

画图离不开坐标,因此,我们要先理解绝对坐标、沿着画笔的方向坐标(海龟坐标)、绝对角度和向左向右坐标(海龟角度)。海龟坐标把当前点当作坐标,有前方向、后方向、左方向、右方向，如表 3.1 所示。

表 3.1 坐标与角度

坐标或角度	指　　令	描　　述
绝对坐标	turtle.goto(100,100)	指从当前的点指向括号内所给坐标
海龟坐标	turtle.fd(d)	指沿着海龟的前方向运行
	turtle.bk(d)	指沿着海龟的反方向运行
	turtle.circle(r,angle)	指沿着海龟左侧的某一点做圆运动
绝对角度	turtle.seth(angle)	只改变海龟的行进方向（角度按逆时针），但不行进，angle 为绝对度数
海龟角度	turtle.left(angle)	改变海龟向左方向的角度
	turtle.right(angle)	改变海龟向右方向的角度

3.1.3 RGB 色彩体系

RGB 的色彩取值范围为 0~255 的整数或者 0~1 的小数，如表 3.2 所示。

表 3.2 RGB 色彩

英 文 名 称	RGB 整数值	RGB 小数值	中 文 名 称
white	255,255,255	1,1,1	白色
yellow	255,255,0	1,1,0	黄色
magenta	255,0,255	1,0,1	洋红
cyan	0,255,255	0,1,1	青色
blue	0,0,255	0,0,1	蓝色
black	0,0,0	0,0,0	黑色
seashell	255,245,238	1,0.96,0.93	海贝色
gold	255,215,0	1,0.84,0	金色
pink	255,192,203	1,0.75,0.80	粉红色
brown	165,42,42	0.65,0.16,0.16	棕色
purple	160,32,240	0.63,0.13,0.94	紫色
tomato	255,99,71	1,0.39,0.28	番茄色

3.1.4 切换 RGB 色彩模式

turtle.colormode(mode)，1.0：RGB 小数模式，255：RGB 整数模式。

3.1.5 画笔控制函数

控制画笔宽度、抬起、落下等动作的函数及用法如表 3.3 所示。

表 3.3 画笔控制函数

函　　数	别　　名	描　　述
turtle.penup()	turtle.pu()	画笔抬起，不留下痕迹
turtle.pendown()	turtle.pd()	画笔落下，留下痕迹

函　数	别　名	描　述
turtle.pensize(width)	turtle.width(width)	画笔宽度
turtle.pencolor(color)	color 值为颜色字符串或者 r、g、b 值	例如，颜色字符串：turtle.pencolor('purple') RGB 的小数值：turtle.pencolor(0.63,0.56,0.89) RGB 的元组值：turtle.pencolor(1, 1, 1)

3.1.6　运动控制函数

（1）turtle.forword(d)，别名 turtle.fd(d)。向前行进。d 是指行进距离，可以为负数。

（2）turtle.circle(r, extent=None)。根据半径 r，绘制一个 extent 角度的弧度。默认圆心在海龟左侧 r 距离的位置。

3.1.7　方向控制函数

（1）turtle.setheading(angle)，别名 turtle.seth(angle)。改变行进方向。

（2）angle。改变方向的角度（绝对坐标下，绝对角度）。

（3）turtle.left(angle)。angle 是指当前方向上转过的角度（海龟角度）。

（4）turtle.right(angle)。angle 是指当前方向上转过的角度（海龟角度）。

3.1.8　填充颜色

（1）lv.begin_fill()：开始填充，之后小乌龟移动时，不仅画线，而且填充。

（2）lv.end_fill()：结束填充，直到这个时候前面小乌龟移动画线的填充效果才会显示出来。

说到这里，画图工具已介绍完毕。为了增加互动性和娱乐感，我们还想介绍一个工具。那是什么函数？日常生活中，我们打开计算机登录，计算机会自动跳出一个框，要求你输入账号和密码，若输入错误，计算机会显示输入的账号或密码不对，请重新输入等信息。如何实现的？其实在程序设计中用了一个函数叫 input，就可以实现向用户要求通过键盘输入字符或中文。格式如下。

```
变量=input("")
```

课堂任务

1. 掌握程序设计的顺序结构。
2. 掌握 Turtle 库画图工具知识。
3. 利用画图工具画出一个五角星。

探究活动

第一步：启动计算机，打开 Python 自带的 IDLE 编辑器工具，新建文件（New File），输入以下程序代码。

```
a = input("您是哪所学校：")
b=input("您是哪个班的同学？")
c=input("您是谁？")
```

```
print(a+b+c+"同学",",欢迎您来到Python人工智能编程世界")
Print("  ")
d=input("今天要不要让我画一个五角星给您看看？")
import turtle
turtle.setup(1000,1000,0,0)
turtle.pensize(20)
turtle.pencolor("black")
turtle.seth(0)
turtle.fd(400)
turtle.seth(-144)
turtle.fd(400)
turtle.seth(-144 - 144)
turtle.fd(400)
turtle.seth(-144 - 144 - 144)
turtle.fd(400)
turtle.seth(-144 - 144 - 144 - 144)
turtle.fd(400)
```

第二步：输入程序并检查无误之后，立即按 F5 键运行程序，如图 3.1 所示。当计算机问"您是哪所学校"时，输入"佛山中学"，然后系统又问"您是哪个班的同学？"，回复"高二（8）"，系统再问"您是谁？"，输入姓名，系统就自动回复"佛山中学高二（8）张明同学，欢迎您来到 Python 人工智能编程世界"，并再次询问要不要看画图，回复"要"后，计算机就自动画图，如图 3.2 所示。

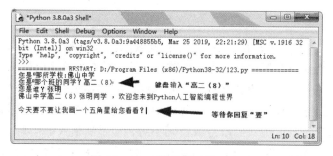

图 3.1　input 输入显示窗

图 3.2　计算机自动画五角星

第三步：看看我们输入的程序，仔细看看各函数的应用。

第四步：小结。该程序从上至下没有分支，也就是我们说的顺序结构。我们再观察此程序有什么特征，就可以总结出顺序结构的特征。其结构图如图 3.3 所示。

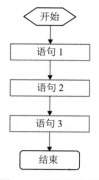

图 3.3　顺序结构图

课堂练习

1. 使用 input 输入你自己的姓名及座位号。
2. 画一个圆,并填充黄色,如图 3.4 所示。

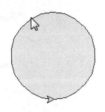

图 3.4　画圆并填充黄色

参考程序如下。

```
import turtle
turtle.penup()
turtle.goto(-300, 100)
turtle.pendown()
turtle.pensize(1)              #设置画笔绘制线条的宽度
turtle.pencolor('red')
turtle.fillcolor('yellow')
turtle.begin_fill()
"""
turtle.circle(radius, extent, step)
radius                         #是必需的,表示半径,正值时逆时针旋转,负值时顺时针旋转
extent                         #表示度数,用于绘制圆弧
step                           #表示边数,可用于绘制正多边形
extent 和 step                 #参数可有可无
"""
turtle.circle(60)
turtle.end_fill()
print('圆形绘制完成....', turtle.position(), turtle.heading())
```

3. 画一幅奥运会五环图,如图 3.5 所示。

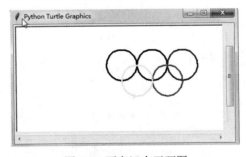

图 3.5　画奥运会五环图

参考程序如下。

```
import turtle
p = turtle
```

```
p.pensize(3)
p.color("blue")
p.circle(30, 360)
p.pu()
p.goto(60, 0)
p.pd()
p.color("black")
p.circle(30, 360)
p.pu()
p.goto(120, 0)
p.pd()
p.color("red")
p.circle(30, 360)
p.pu()
p.goto(90, -30)
p.pd()
p.color("green")
p.circle(30, 360)
p.pu()
p.goto(30, -30)
p.pd()
p.color("yellow")
p.circle(30, 360)
p.done()
```

4. 画一幅心形图，如图 3.6 所示。

图 3.6 画心形图

参考程序如下。

```
from turtle import *
pensize(1)
pencolor('red')
fillcolor('pink')
speed(5)
up()
goto(-30, 100)
down()
begin_fill()
left(90)
circle(120, 180)
circle(360, 70)
```

```
left(38)
circle(360, 70)
circle(120, 180)
end_fill()
up()
goto(-100, -100)
down()
```

思维拓展

以校园为主题，自己设计画一幅图形。

3.2　学生分数归档

知识链接

在日常生活中，我们经常需要做一些选择，每做一个选择都会有条件为前提，通过这种条件是否成立，来判断下一步要做什么，分支结构或条件语句就类似于这种结构。在学习分支（选择）结构之前，我们必须先学习逻辑运算符的知识，然后再学习条件语句的语法。

3.2.1　Python 逻辑运算符

Python 逻辑运算符及实例如表 3.4 所示。

表 3.4　Python 逻辑运算符及实例

运算符	逻辑表达式	描　　述	实　　例
and	x and y	布尔"与"：如果 x 为 False，x and y 返回 False，否则它返回 y 的计算值	(a and b)返回 20（假设 a=10，b=20，下同）
or	x or y	布尔"或"：如果 x 是非 0，它返回 x 的值，否则它返回 y 的计算值	(a or b)返回 10
not	not x	布尔"非"：如果 x 为 True，返回 False；如果 x 为 False，返回 True	not(a and b)返回 False

3.2.2　条件语句

条件语句就是使用 if、elif、else 等关键词来判断某些条件的执行结果（True 或者 False）再决定执行哪些代码块的语句，如图 3.7 所示。

图 3.7　条件语句结构

在 Python 中，使用非 0 或者非空（null）的值作为 True 的条件判断，使用 0 或者空（null）

的值作为 False 的条件判断。

条件语句的基本写法如图 3.8 所示。

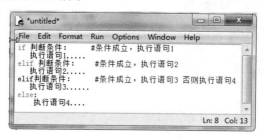

图 3.8 条件语句的基本写法

当"判断条件"成立时,将执行随后的"执行语句","执行语句"可以有多行,使用缩进来区分属于同一代码块的范围;elif 不是必须要填写的关键词,当有多个判断条件存在时,它才会出现,例如:

```
a=1
b=10
c=5
if(a>2):
print("当 a 大于 2 时,条件成立,执行输出 b*C 的值")
print("b*c=", b*c)
else:
print("当 a 不大于 2 时,条件不成立,输出 b+c 的值")
print("b+c=", b+c)
```

以上程序的流程图模型如图 3.9 所示。

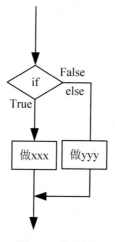

图 3.9 流程图

值得注意的是,在 Python 中,并没有像 C++等编程语言中的 switch/case 关键词,而是用上面提到的 elif 关键词来代替 switch/case,但是当条件比较多时,代码量太大,并不好维护,此时可以使用字典映射的方法来实现,字典相关知识将在第 4 章具体介绍。

在 Python 程序设计中存在 if 的嵌套,elif 的含义为 else if,"否则如果"条件满足,就执行对应的代码,elif 后面和 if 一样需要带逻辑判断语句,当 if 的条件不满足时,再去判断 elif

的条件是否满足,如果满足就执行其中的代码。if 的嵌套模型如图 3.10 所示。

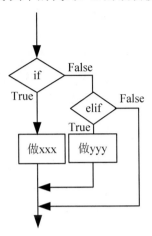

图 3.10　if 的嵌套使用模型

3.2.3　多条件判断

多条件判断语句使用关键词 and 或者 or 来连接若干个条件语句进行判断,and 的意思是"并且",or 的意思是"或者",也就是说,当用 and 关键词时,要满足所有的条件为 True,才会执行判断语句后面的代码块,而用 or 关键词时,只要满足其中之一为 True,就能执行判断语句后面的代码块。

例 1:判断值是否在 0～10。

```
a=3
If(a>=0 and a<=10):          #判断值是否在 0～10
    print("条件成立,结果为 True")
```

输出结果:条件成立,结果为 True。

例 2:判断值是否在 0～10。

```
b=10
If(b <0 or b>10): #判断值是否在 0～10
print("b 不在 0～10 之间,条件成立,结果为 True")
else:
print("b 在 0～10 之间,条件不成立,结果为 False")
```

输出结果:b 不在 0～10,条件成立,结果为 True。

例 3:判断值是否在 0～5 或 10～15。

```
num=8
If((num>=0 and num<=5) or (num>=10 and num<=15)):
  print('True')
else:
  print("False")
```

输出结果:False。

在这里说一下执行的优先级,"()"里的优先级最高,其次是>(大于)、<(小于)等判

断符号，而 and 和 or 的优先级比判断符号还要低，也就是说，>（大于）、<（小于）在没有括号的情况下，要先于 and 和 or 来执行判断。

通过以上的讲解，我们注意到 Python 3.8 版与其他语言不同的是，if 之后的条件要使用括号整体括起来，否则会出错；条件括号之后要用冒号结束。执行语句不能与 if 语句并齐，通常缩进 2 位以上，但 else 或 elif 要与 if 语句并齐。同样，在 else 或 elif 后面要用冒号结束。这里的输出语句 print 的 p 不能大写，否则就会出错。

课堂任务

1. 掌握 Python 的条件语句的语法规则。
2. 编写一个学生分数归档程序。

探究活动

任务 1

利用条件运算符的嵌套来完成此题：学习成绩≥90 分的同学用 A 表示，60～89 分的用 B 表示，60 分以下的用 C 表示。

第一步：先画出本程序的流程图，算法流程图如图 3.11 所示。

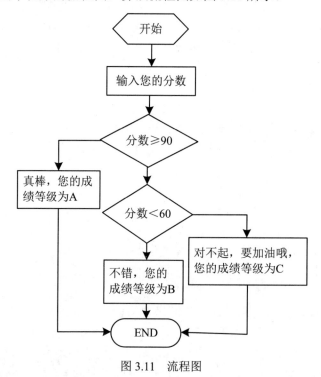

图 3.11 流程图

第二步：利用"知识链接"里的知识，把流程图转换成代码，并输入 Python 自带的 IDLE 编辑器里运行，参考代码如下。

```
points=int(input('输入分数：'))
if points>=90:
    grade='真棒，您的成绩等级为A'
```

```
elif points<60:
    grade='对不起，要加油哦，您的成绩等级为C'
else:
    grade='不错，您的成绩等级为B'
print(grade)
```

第三步：按 F5 键运行程序，结果如图 3.12 所示。

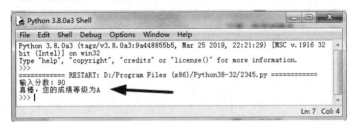

图 3.12　任务 1 运行结果

任务 2

因为有纳税所得额可能小于 3500，要先判断纳税所得额是否为负数。若为正数，根据公式"应纳个人所得税税额=全月应纳税所得额×适用税率-速算扣除数个税"计算。请模仿任务的做法，设计一个计算个人所得税的程序。

代码如下。

```
nashuie=int(input("请输入您的收入（以元为单位）: "))
if (nashuie<=0):
    print('null')
else:
    if (nashuie <= 1500):
        print(nashuie * 0.03)
    elif (nashuie <= 4500):
        print(nashuie * 0.1 - 105)
    elif (nashuie <= 9000):
        print(nashuie * 0.2 - 555)
    elif (nashuie <= 35000):
        print(nashuie * 0.25 -1005)
    elif (nashuie <= 55000):
        print(nashuie * 0.3 -2755)
    elif (nashuie <= 80000):
        print(nashuie * 0.35 - 5505)
    else:
        print(nashuie * 0.45 - 13505)
```

运行结果如图 3.13 所示。

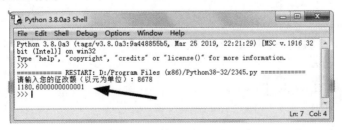

图 3.13　任务 2 运行结果

课堂练习

1. 有 5 个人坐在一起,问第五个人多少岁?他说比第四个人大 2 岁。问第四个人岁数,他说比第三个人大 2 岁。问第三个人,又说比第二个人大 2 岁。问第二个人,说比第一个人大 2 岁。最后问第一个人,他说是 10 岁。请问第五个人多大?

```
def age(n):
    if n==1:
        return 10
    return 2+age(n-1)
print(age(5))
```

2. 输入星期几的第一个字母,根据字母来判断是星期几,如果第一个字母一样,则继续判断第二个字母。

```
weekT={'h':'thursday',
       'u':'tuesday'}
weekS={'a':'saturday',
       'u':'sunday'}
week={'t':weekT,
     's':weekS,
     'm':'monday',
     'w':'wensday',
     'f':'friday'}
a=week[str(input('请输入第一位字母:')).lower()]
if a==weekT or a==weekS:
    print(a[str(input('请输入第二位字母:')).lower()])
else:
    print(a)
```

3. 数字比大小。

```
a=int(input('a='))
b=int(input('b='))
if a<b:
    print('a<b')
elif a>b:
    print('a>b')
else:
    print('a=b')
```

拓展训练

1. 输入年、月,输出本月有多少天。合理选择分支语句完成设计任务。

输入样例 1:2004 2

输出结果 1:本月 29 天

输入样例 2:2010 4

输出结果 2:本月 30 天

2. 请编写一个工具软件,当从键盘输入一个年份,能判断是否是闰年。

3. 请编写一组模拟用户登录的程序，提示输入用户名和密码，如果用户名是 Admin，密码等于 123.com，提示用户登录成功；如果用户名不是 Admin，提示用户不存在；如果密码不等于 123.com，提示密码错误。参考代码如下，看看还有什么可以创新。

```
username= input("请输入用户名：")
password = input("请输入密码：")
if (username.lower().strip()== "admin" and password == "123.com"):
    print("登录成功！")
else:
 print("用户名或者密码错误！")
```

lower()：把字符串转为小写；upper()：把字符串转为大写；strip()：去除字符串前后的空格。

4. 编写程序实现以下功能：提示用户输入考试分数，如果分数大于 100 分，输出"分数无效"；如果分数大于等于 90 分，输出"非常优秀"；如果分数大于等于 80 分，输出"优秀"；如果分数大于等于 70 分，输出"良好"；如果分数大于等于 60 分，输出"及格"；如果分数小于 60 分，输出"等着补考吧"。

5. 编写程序实现企业发放的奖金根据利润提成。利润低于或等于 10 万元时，奖金可提 10%；利润高于 10 万元，低于 20 万元时，低于 10 万元的部分按 10%提成，高于 10 万元的部分，可提成 7.5%；20 万～40 万元时，高于 20 万元的部分，可提成 5%；40 万～60 万元时，高于 40 万元的部分，可提成 3%；60 万～100 万元时，高于 60 万元的部分，可提成 1.5%；高于 100 万元时，超过 100 万元的部分按 1%提成，从键盘输入当月利润 I，求应发放奖金总数。

3.3 for/while 循环语句

知识链接

在日常生活中，我们经常遇到一些具有规律性的重复操作。当用程序来解决问题时，通过重复执行某些代码块来达到目的。循环语句就是在某种条件下，循环执行某段代码块，并在符合条件的情况下跳出该段循环，其目的是处理想要进行处理的相同任务。其中，被重复执行的代码块叫作循环体，能否继续重复执行取决于循环的终止条件。因此，循环结构由循环体和循环终止条件两部分组成。在学习 Python 循环结构之前，我们先来学习成员运算符和身份运算符的使用方法，如表 3.5 和表 3.6 所示。

表 3.5 Python 成员运算符

运算符	描述	实例
in	如果在指定的序列中找到值，返回 True，否则，返回 False	x in y，如果 x 在 y 序列中，返回 True
not in	如果在指定的序列中没有找到值，返回 True，否则，返回 False	x not in y，如果 x 不在 y 序列中，返回 True

表 3.6 Python 身份运算符

运算符	描述	实例
is	判断两个标识符是不是引用自一个对象	x is y，类似 id(x) == id(y)，如果引用的是同一个对象，则返回 True，否则，返回 False
is not	判断两个标识符是不是引用自不同对象	x is not y，类似 id(a) != id(b)，如果引用的不是同一个对象，则返回结果 True，否则，返回 False

通过表 3.5 和表 3.6，我们已经了解 Python 成员和身份运算符应用知识，现在我们进一步了解 Python 编程语言中循环结构。它的关键词主要以 for 与 while 来标识，执行的流程如图 3.14 所示。

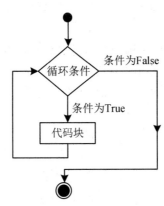

图 3.14 Python 循环语句的控制结构图

for 循环语句格式如下。

```
for x in y:
    循环体
```

或者：

```
for <variable> in <sequence>:
<statements>
 else:
<statements>
```

执行流程：x 依次表示 y 中的一个元素，遍历完所有元素循环结束，其中 x in y 表示法，属于成员函数的应用，具体如表 3.5 所示。说明：这也是循环结构的一种，经常用于遍历字符串、列表、元组、字典等。

Python 中 while 语句的一般形式如下。

```
while (判断条件):
    执行语句
```

以上所述 for 和 while 格式是固定格式，不能改变。就像英语固定词组一样，没有为什么，就是不能改变的，否则，就是语法错误。

例 1：使用 while 语句来计算 1～100 的总和。

程序代码如下。

```
sum = 0
counter = 1
while counter <= 100:
    sum = sum + counter
    counter += 1
print("1 到 %d 之和为: %d" % (100,sum))
```

例 2：使用 for 语句来计算 1～100 的总和值。

程序代码如下。

```
sum = 0
counter = 1
for counter in range(1, 100):
        sum = sum + counter
print("1 到 %d 之和为: %d" % (100, sum))
```

在编程调试过程中，经常会遇到计算机不断在循环，无法停下来，这种现象，我们给它一个名字就是死循环。出现这种现象是程序员不想见到的，因此在编程过程中，常常会设置一个终止循环的指令，如 break。有时要方便程序员调试，只终止一次循环但又想它继续，因此，Python 又设定了一个 continue 可以跳过本次循环。

课堂任务

1. 掌握 for 循环语句的使用方法。
2. 掌握 while 语句的使用方法。
3. 以猴子吃桃问题为例，分别使用 for 语句和 whlie 语句进行编程。

探究活动

任务 1

猴子吃桃问题。

猴子第一天摘下若干个桃子，当即吃了一半，还不过瘾，又多吃了一个，第二天早上又将剩下的桃子吃掉一半，又多吃了一个。以后每天早上都吃了前一天剩下的一半零一个。到第 10 天早上想再吃时，只剩下一个桃子了。求第一天共摘了多少个桃子。

第一步：程序分析。采取逆向思维的方法，从后往前推断，算法如图 3.15 所示。

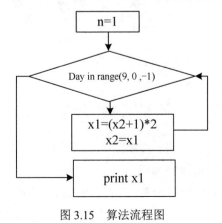

图 3.15 算法流程图

第二步：在 Python 自带的 IDLE 编辑器里直接编写程序代码，使用 for 语句的程序源代码如下。

```
n = 1
for i in range(10, 0, -1):
    n = (n+1) * 2
print("猴子第一天摘有桃子总数是：", n)
```

第三步：代码编好之后，直接按 F5 键运行，结果如图 3.16 所示。

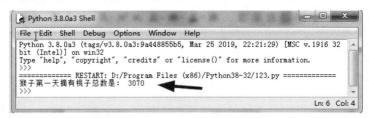

图 3.16　运行结果

任务 2

把 for 语句改为 while 语句，看看执行情况如何。

参考程序代码如下。

```
n = 1
i=10
while i>0:
    n = (n+1) * 2
    i=i-1
print("猴子第一天摘有桃子总数是：", n)
```

任务 3

程序员在调试 while 程序时，想看看 i 为 5 时，计算出来的桃子数是多少。我们把上面的程序改动一下，查看有什么变化。

```
n = 1
i=10
while i>0:
    n = (n+1) * 2
    i=i-1
    if (i==5):
        break
print("猴子第一天摘有桃子总数是：",n)
```

任务 4

把上面程序中的 break 改为 continue，再次体验有什么变化。

课堂练习

1. 用 for 语句编写程序实现题目要求。

用*号输出字母 P 的图案。程序分析：可先用*号在纸上写出字母 P，再分行输出，如图 3.17 所示。

2. 利用 while 语句画出一个红色五角星，如图 3.18 所示。

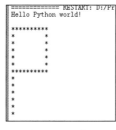 

图 3.17　P 字图　　　　　　　图 3.18　红色五角星

采用 Python 3.8 自带的画图工具，for 语句参考程序代码如下，请把它改为用 while 语句实现画五角星。

```python
import turtle
turtle.color('red', 'red')
turtle.begin_fill()
for i in range(5):
    turtle.forward(100)
    turtle.right(144)
turtle.end_fill()
```

3. 计算阶乘和（1!+2!+3!+…+n!），下面是以 while 语句编程实现阶乘和，请看完以下程序之后，改为 for 语句来实现阶乘和。

```python
n = int(input("请输入要计算的阶乘数："))
jie = 1
sum = 0
i = 1
while n >= i:
    jie = jie * i
    sum = sum + jie
    i = i + 1
print(sum)
```

4. 请设计一组程序求出 1*3*4*…*100 的积。提示：可以使用乘法器，s=s*j，其中 s 初值为 1，j 是从 1 至 100 递增变化。

5. Python 中有简单猜拳小游戏，请试用过之后，再对以下程序进行修改，让它更加好玩。

```python
import random
while True:
    dian_nao = random.randint(1, 3)   #计算机出招
    play = int(input("请出招：1 表示剪刀，2 表示石头，3 表示布，6 表示退出游戏"))   #玩家出招
    if play == 1 and dian_nao == 3 or play == 2 and dian_nao == 1 or play == 3 and dian_nao == 2:
        print("恭喜你赢了！")     #以上情况出现一种表示玩家胜出
    elif play == dian_nao:
        print("平局！")
    elif play == 6:
        print("游戏以退出！")
        break
```

```
    else:
        print("很遗憾你输了！")
```

拓展训练

1. 编程绘太阳花图，如图3.19所示。

图3.19 太阳花

参考代码如下，此代码在Python 3.8版本中验证过。通过太阳花的绘制，请设计一幅有创意的图。

```
import turtle as t
import time
t.color("red", "yellow")
t.speed(10)
t.begin_fill()
for _ in range(50):
            t.forward(200)
            t.left(170)
end_fill()
time.sleep(1)
```

2. 编程打印出所有的"水仙花数"。

所谓"水仙花数"是指一个三位数，其各位数字立方和等于该数本身。例如，153是一个"水仙花数"，因为$153=1^3+5^3+3^3$。（程序分析：利用for循环控制100~999的数，每个数分解出个位、十位、百位。）

3. 请编程实现：输入一行字符，分别统计出其中英文字母、空格、数字和其他字符的个数。

程序分析：利用if语句，条件为输入的字符不为'\n'，通过if语句实现成功之后，思考一下如何使用while语句实现。

```
import string
s = input('input a string:\n')
letters = 0
space = 0
digit = 0
others = 0
for c in s:
    if c.isalpha():
        letters += 1
    elif c.isspace():
        space += 1
    elif c.isdigit():
        digit += 1
```

```
        else:
            others += 1
print( 'char = %d, space = %d, digit = %d, others = %d' % (letters, space, digit,
others))
```

3.4 循环结构语句嵌套

知识链接

Python 语言允许在一个循环体里嵌入另一个循环,这种现象称之为嵌套。也就是说,可以在循环体内嵌入其他的循环体,如在 while 循环中可以嵌入 for 循环,反之,可以在 for 循环中嵌入 while 循环,如图 3.20 所示。

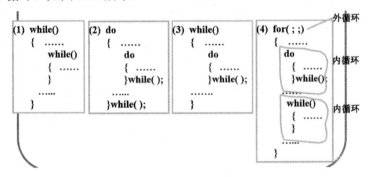

图 3.20 循环结构嵌套

从图 3.20 所示循环结构嵌套来看,我们可以发现循环结构嵌套的各种嵌套方法,其中最突出的两种格式如下。

格式一:Python while 循环嵌套语法。

```
while expression:
        while expression:
            statement(s)
statement(s)
```

格式二:Python for 循环嵌套语法。

```
for iterating_var in sequence:
    for iterating_var in sequence:
        statements(s)
    statements(s)
```

以下程序中使用循环嵌套,输出梯形图案,使用 for 语句嵌套实现目标。我们不难发现有两个 for 语句:一个控制外循环;另一个控制内循环。

```
for i in range(1, 7):
    for j in range(i):
        print("*", end="")
    print()
```

从实例中还可以发现，循环嵌套结构语法是否正确，关键在于程序行的缩进位，不同位置意义不同。如果出现语法错误，重点检查缩进位是否正确。

课堂任务

1．掌握循环嵌套结构语法规则。
2．利用 for 语句输出九九口诀表。

探究活动

第一步：分析程序，九九表是一个有规律的表格，从 1 到 9 乘法口诀，形式是从 1*1=1，至 9*9=81，是从 1 至 9 递增的。

第二步：画出流程图，如图 3.21 所示。

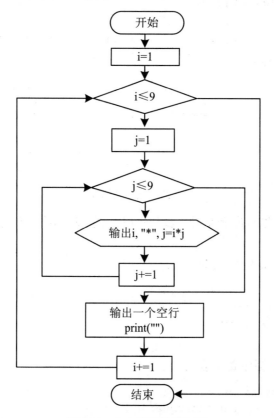

图 3.21　九九表算法流程图

第三步：编写代码并测试。
方法一：使用 for 语句嵌套。

```
for i in range(1, 10):
        for j in range(1, i+1):
            d = i * j
            print('%d*%d=%-2d'%(I, j, d), end = ' ')
        print()
```

方法二：使用 while 语句嵌套。

```
i = 1
while i<=9:
        j = 1
 while j<=i:
            print ("%d*%d=%-2d "%(j, i, j*i), end="")
            j+=1
 print("")
        i+=1
```

第四步：分析九九表输出编程过程。

（1）for i in range(1, 10)。这是一个 for 循环语句，range()是一个函数，for i in range()，就是给 i 赋值，如 for i in range(1,10)的意思就是把 1、2、3、4、5、6、7、8、9 依次赋值给 i；再如，举个 3 以内数字好理解的，for i in range(1, 3)的意思就是把 i 赋值给 1 和 2。有的同学可能会有疑问，为什么(1,10)取的值是 1~9，而不包括 10？关于这个问题建议大家记住 5 个字：顾头不顾尾（顾头就是取尾巴前面的数字，不顾尾就是不取尾巴的数字。所以最后的那个尾巴 10 是不会取的）。另外，range()是如何理解呢？range(1)取的值是 0；range(2)取的值是 0、1；range(3)取的值是 0、1、2；range(0,3,1)取的值是 0、1、2，其中，第 3 个数字 1 其实就是默认的步长，只是笔者写出来了，不写也可以。整体写下来默认是从 0 开始取值的，除非你自己定义数字 1 或 2，那就是从 1 或 2 开始取值。

（2）for j in range(1, i+1)。当 i = 1，j=(1, 2)时，j 的取值是 1；当 i = 2，j=(1, 3)时，j 的取值是 1、2；当 i = 3，j=(1, 4)时，j 的取值是 1、2、3；当 i = 4，j=(1, 5)时，j 的取值是 1、2、3、4；当 i = 5，j=(1, 6)时，j 的取值是 1、2、3、4、5。另外，在给 i 赋值的基础上，再做进一步的循环操作，即给 j 赋值。给 j 赋值是建立在给 i 赋值的基础上，直接写结果，笔者觉得更好理解。理解了第一步的解释，很明显给 i 依次赋值为 1、2、3、4、5、6、7、8、9。

（3）%s*%s=%s %(i, j, i*j, end = ' ')，其中 end =' '的意思就是在每个计算的结尾处加个空格。其中，%s 是输出 S 字符串的意思，第一个%s 是指 i 的值，第二个%s 是指 j 的值，第三个%s 是指 i*j 的积。其中，%d 是输出 1 位整数；%2d 是输出 2 位整数；%f 是输出 1 位的浮点；%9f 表示打印长度 9 位数，小数点也占一位，不够左侧补空格。

课堂练习

1. 编程实现求 100 以内的素数。

参考程序如下，请改为 while 语句或是 while、for 混合形式求解 100 以内的素数。

```
mi=int(input('下限: '))
hi=int(input('上限: '))
  for i in range(mi, hi+1):
    if i > 1:
        for j in range(2, i):
            if (i % j) == 0:
                break
        else:
            print(i)
```

2. 编程实现从控制台输入行数和列数，打印星号构成正方形。

下面是以 while 语句实现的参考代码，你能改为 for 语句来实现吗？

```
i=1;j=1;
numA=int(input("请输入行数："))
numB=int(input("请输入列数："))
while i<=numA:
    j=1
    while j<=numB:
        print("*", end="  ")
        j+=1
    print()
    i+=1
```

拓展训练

1. 编写 Python 程序实现打印星号构成直角三角形和等腰三角形。

2. 编写 Python 程序实现求出 0+2+4+…+100 的值，下面是以 while 语句实现的程序，请尝试以 for 语句重新编写该程序，同样能计算出 100 以内的偶数和。

```
sum=0
i=0
while i<=100:
    sum+=i
    i+=2
else:
    print("\n", sum)
print("0+2+...+100=", sum)
```

3.5　比赛对手

知识链接

1. 什么是列表

列表用于存储任意数目、任意类型的数据集合。在实际使用过程中，计算机内存空间设置多个存储空间存放数据，如图 3.22 所示。

图 3.22　列表空间

2. 列表标准表示格式

列表标准表示格式如 a=[-2, 44, 99, "李四", 88]。其中 a 称为列表变量的名称，-2、44、99、"李四"、88 称为列表的元素。其在计算机内存里相当于在列表空间里存放所述列表的元素，如图 3.23 所示。

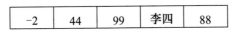

图 3.23 列表

3. 创建列表方法

(1) 创建列表。例如，>>>变量=[ ]表示创建一个空的列表。>>> a=[10, 20, "人工智能"]创建了一个以 10、20、"人工智能"为元素的列表 a。

(2) 用 list()函数创建列表，list()括号必须是可以迭代的数据。例如，>>> a=list(range(10))；>>> a=[0, 1, 2, 3, 4, 5, 6, 7, 8, 9]；>>> list() #创建一个空的列表。

4. 从列表中获取元素

通过索引直接访问元素，索引的区间是[0, 列表长度-1]。例如，>>> a=["唐僧", "悟空", "八戒"]，此时，计算机内存里自动产生 3 个存储空间存放 3 个元素，如图 3.24 所示。

图 3.24 列表 a 存储表

如图 3.23 所示，>>> a=["唐僧", "悟空", "八戒"]，表示开设 stem 列表数据。

```
>>> a[2]
'八戒'
>>> a[0]
'唐僧'
>>>
```

5. 列表元素的修改与添加

(1) 修改元素。可以直接使用索引来修改某个列表元素。

```
>>> a=[1, 2, 3, 4, 5, 2, 3, 2, ]
>>> a[2]=100
>>> a
[1, 2, 100, 4, 5, 2, 3, 2]
>>>
```

(2) append()方法。在列表尾部添加新元素，如 a=[20, 4]。

```
>>> a=[20, 4]
>>> a.append(80)
>>> a
[20, 4, 80]
>>>
```

6. 列表的遍历

所谓遍历，是指沿着某条搜索路线，依次对树中每个结点均做一次且仅做一次访问。例如，len()函数，返回列表的长度，即列中包含元素的个数。

```
>>> a=[0, 1, 2, 3, 4, 5]
```

```
>>>len(a)
6
```

例如，for 循环遍历列表如图 3.25 所示，运行结果如图 3.26 所示。

图 3.25　for 循环遍历列表

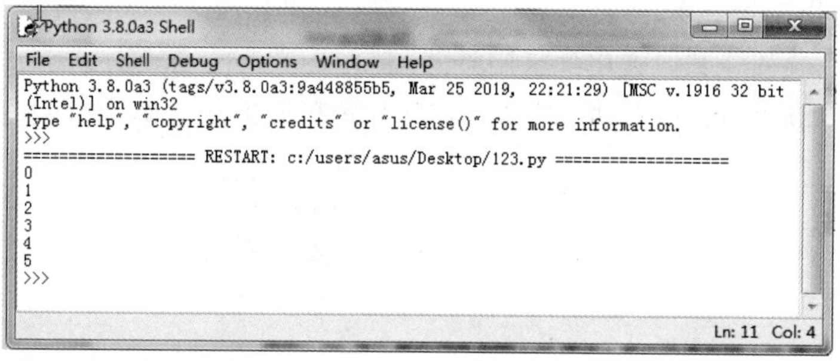

图 3.26　运行结果

7．列表的排序

列表的排序，有以下两种方法。

方法一：修改原列表。标准格式如下。

```
列表名.sort()
```

例如：

```
>>>a=[2, 1, 4, 3]
>>>a.sort()   #默认升序排列，降序 a.sort(reverse=True)
>>>a
[1, 2, 3, 4]
```

方法二：新建列表，内置函数的排序。标准格式如下。

```
sorted(列表名)
```

例如：

```
>>>a=[2, 1, 4, 3]
>>>b=sorted(a)   #默认升序排列，降序 sort(a, reverse=True)
>>>b
[1, 2, 3, 4]
```

8．列表的最值及求和

具体函数及使用方法如表 3.7 所示。

表 3.7 列表最值及求和

函　　数	描　　述	实　　列

min(列表名)	求列表最小值	>>> a=[3, 8, 20, 8]
		>>> min(a)
		3

max(列表名)	求列表最大值	>>> a=[3, 8, 20, 8]
		>>> max(a)
		20

sum(列表名)	对列表求和	>>> a=[3, 8, 20, 8]
		>>> sum(a)
		39

课堂任务

1. 掌握列表数据类型及列表创建方法。
2. 学会列表元素的访问、修改、添加，以及遍历的操作。
3. 学会对列表的排序、求和以及取列表最值。

探究活动

任务 1

编写一个程序统计学生成绩，统计完成后按输入的顺序，先后打印出来，最后计算出平均分。

第一步：启动 Python 自带的 IDLE 编辑器，编写程序。先产生一个空的列表 a=[]，然后使用循环语句 while 产生添加列表 a 的元素，并使用列表尾部添加方式添加元素，参考代码如下。

```
b=int(input("请输入学生人数："))
a=[]
i=0
while( i<=(b-1)):     #控制产生多少次成绩
    a.append(float(input("请输入第%s 个学生成绩："%i)))
    i=i+1
print(a)          #按输入先后顺序打印出来
print("平均分是：", sum(a)/b)   #计算平均分
```

第二步：按 F5 键运行程序，观察结果，运行结果如图 3.27 所示。

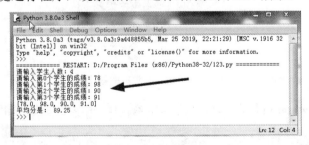

图 3.27　运行结果

第三步：修改程序，把 while 语句改为 for 语句，再运行程序，对比两个循环语句在编程方式上有什么不同。参考程序如图 3.28 所示。

```
b=int(input("请输入学生人数："))
a=[]
i=0
for i in range(b):
    g="请输入第"+str(i)+"个学生的成绩："  #输出带变量的格式第i个学生
    a.append(float(input(g)))
print(a)  #按输入先后顺序打印出来
print("平均分是：", sum(a)/b) #计算平均分
```

图 3.28 for 循环语句

任务 2

两个乒乓球队进行比赛，各出 3 个人。甲队为 a、b、c 3 个人，乙队为 x、y、z 3 个人。已抽签决定比赛名单。有人向队员打听比赛的名单。a 说他不和 x 比，c 说他不和 x、y 比，请编程序找出 3 个队赛手的名单。

提示：找到条件下不重复的 3 个对手即可，另外要用一个 set()函数。set() 函数是 Python 内置函数的其中一个，它的作用是创建一个无序不重复元素集，可进行关系测试，删除重复数据，还可以计算交集、差集、并集等，具体使用方法查阅 Python 函数资料。

第一步：分析题目要求，设定 i、j、k 分别为 a 队、b 队、c 队并找对手的配对次数，根据题意画出算法流程图，如图 3.29 所示。

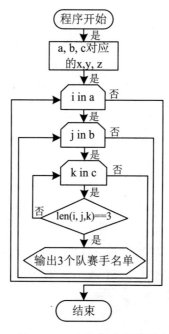

图 3.29 3 个队赛手流程图

第二步：启动 Python 自带的 IDLE 编辑器，编写程序，参考代码如下。

```
a=set(['x', 'y', 'z'])
b=set(['x', 'y', 'z'])
c=set(['x', 'y', 'z'])
c-=set(('x', 'y'))
a-=set('x')
for i in a:
```

```
    for j in b:
        for k in c:
            if len(set((i, j, k)))==3:
                print('a:%s, b:%s, c:%s'%(i, j, k))
```

第三步：按 F5 键运行程序，运行结果如图 3.30 所示，观察结果。

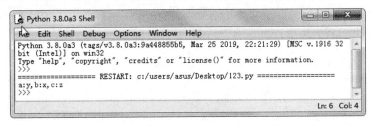

图 3.30 比赛对手运行结果

课堂练习

编写一组程序统计学生成绩，然后按分数从高到低排列打印出来，最后单独打印最高分、最低分和平均分。

思维拓展

编写一组程序统计你们班一次语文、数学、英语三科小测验成绩，计算平均分和三科总分，然后按总分从高到低排序，打印输出全班同学的成绩表（学号、姓名、语文、数学、英语、总分、排名），此表按总分排序。

3.6 银行账户登记系统实例

知识链接

1. 简单的 for...[if]...语句

Python 中，for...[if]...语句是一种简洁的构建 List 的方法，从 for 给定的 List 中选择出满足 if 条件的元素组成新的 List，其中 if 是可以省略的。下面举几个简单的例子进行说明，例如：

```
>>>a=[12, 3, 4, 6, 7, 13, 21]
>>>newList = [x for x in a]
>>>newList[12, 3, 4, 6, 7, 13, 21]
>>>newList2 = [x for x in a if x%2==0]
>>>newList2[12, 4, 6]
```

省略 if 后，newList 构建了一个与 a 具有相同元素的 List。但是，newList 和 a 是不同的 List。执行 b=a，b 和 newList 是不同的。newList2 是从 a 中选取满足 x%2==0 的元素组成的 List。如果不使用 for...[if]...语句，构建 newList2 需要下面的操作。

```
>>> newList2=[]
>>> for x in a:…
        if x %2 == 0:…
            newList2.append(x)
```

```
>>> newList2
[12, 4, 6]
```

显然,使用 for…[if]…语句更简洁一些。

2. 嵌套的 for…[if]…语句

嵌套的 for…[if]…语句可以从多个 List 中选择满足 if 条件的元素组成新的 List。
Python 使用 open()函数来打开文件,open 参数说明如表 3.8 所示。

表 3.8 open 参数说明

open 参数	描述	实例
r	以只读方式打开文件	f=open("d:/文本文件/1.txt", r)
w	以写入方法打开文件,会覆盖已储存的内容	f=open("d:/文本文件/1.txt", w)
x	如果存在该文件,打开会引发异常	f=open("d:/文本文件/1.txt", x)
a	以写入模式打开文件,如果存在该文件,会在末尾添加	f=open("d:/文本文件/1.txt", a)
b	以二进制模式打开文件	f=open("d:/文本文件/1.txt", b)
t	以文本模式打开文件(默认)	f=open("d:/文本文件/1.txt", t)
+	可读写模式(可添加到其他模式中去)	f=open("d:/文本文件/1.txt", +)

3. Python 文件写入与存储方法

Python 文件写入与存储方法如表 3.9 所示。

表 3.9 文件写入与存储方法

函数	描述	实例
close()	关闭文件	>>>f.close()
read(size=-1)	从文件中读取 size 个字符,当未给定 size 或给定负值时,读取剩余的所有字符,然后作为字符串返回	>>>f.read()
readline()	从文件中读取一整行字符串	>>> f.readline()#读取一行(即从文本指针到\n)
write(str)	将字符串 str 写入文件中	f.write("大家好")
writelines(seq)	向文件中写入字符串序列 seq,seq 应该是一个返回字符串的可迭代对象	
seek(offset, from)	在文件中移动文件指针,从 from(0 代表文件起始位置,1 代表当前位置,2 代表文件末尾)偏移 offset 个字节	>>>f.seek(0, 0) #将文件指针设置到起始位置
tell()	返回当前在文件中的位置	>>> f.tell()

课堂任务

1. 了解 for 循环与 if 判断的结合。
2. 学会%s 占位符的使用。
3. 学会辅助标志的使用(标志位)。
4. 学会 break 的使用。

探究活动

第一步：启动 Python 自带的 IDLE 编辑器，输入如下程序。

```
uname = "bob"
passwd = 123
judgment = 0
choice = 2
for i in range(3):
 username = input("请输入用户名：")
 password = int(input("请输入密码："))
 if username == uname and password == passwd: #用户名和密码必须同时成立
  print("~~~欢迎%s使用银行自助服务系统~~~" %uname) #%s是占位符
  judgment = 1
  break
 else:
  if choice != 0:
   print("！！！登录失败！！！" + "您还有" + str(choice) + "次机会")
  else:
   print("！！！登录失败！！！")
  choice = choice - 1
if judgment == 0:
 print("3次机会已用完,此卡将冻结10分钟") #只是提示信息，冻结操作未编写
```

第二步：按 F5 键运行程序进行测试，运行结果如图 3.31 所示。

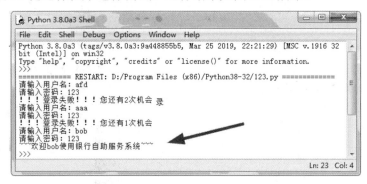

图 3.31　银行账户登录系统运行结果

课堂练习

编写登录认证程序：

（1）让用户输入用户名和密码，认证成功后显示欢迎信息；但输错 3 次后退出程序。

（2）可以支持多个用户登录（提示，通过列表存储多个账户信息），但用户 3 次认证失败后，退出程序，再次启动程序尝试登录时，还是锁定状态（提示：需把用户锁定的状态存到文件里，如"d:/Python/用户登录状态文件.txt"，这个文件要先建立）。

参考程序如下。

```
user= [['mm', '123'], ['tt', '456'], ['MM', '789']]
count = 0
```

```
error_count = 0  #错误输入计数初始化
while count < 3:
    user_name = input("请输入用户名: ").strip()  #strip()去除空格
    pass_word = input("请输入密码: ").strip()
    f = open(file = "d:/Python/用户登录状态文件.txt", mode ='r', encoding="utf-8")
    data = f.read()
    if user_name in data:     #判断该用户是否被锁定
        print("对不起！用户%s 被锁定！请使用其他用户名登录！" % user_name)
    else:
        for i, v in enumerate(user):
            if user_name == v[0] and pass_word == v[1]:
                print("欢迎登录！")
                # count = 3
                exit()      #直接退出程序
            else:
                f = open(file = "用户登录状态文件.txt", mode ='a+', encoding="utf-8")
                error_count += 1
                if error_count == 9:  #每次for 循环 3 次
                    f.write("%s 状态：锁定" % user_name)
        print("您的用户名密码输入有误！")
    count += 1
f.close()
```

思维拓展

通过输入的文件名称备份该文件内容，制作文件的备份。要求：

（1）想要把 test.txt 更改成 test[复件].txt，先要找到点的索引值，然后将字符串切片重组。

（2）尽量不要一次全部读取原文件，所以使用每次读取 1024 字节来读取。

（3）读取或者写入文件后不要忘记关闭文件。

3.7 万年历编程实例

知识链接

万年历是中国古代传说中最古老的一部太阳历。万年历是记录一定时间范围内（如 100 年或更多）的具体阳历与阴历的日期的年历，方便有需要的人查询使用。万年只是一种象征，表示时间跨度大。

万年历的原理：根据年份判断是否是闰年，如"四年一闰，百年不闰，四百年再闰"。判断闰年的算法是"rYear =(inYear%400==0) or (inYear%4==0 and inYear%100!=0);"。另外，我们还要记住有些月份是 31 天，有些月份是 30 天，有的比较特殊，如闰年二月是 29 天，平年二月是 28 天。在 Python 列表中表示为 list31 = [1, 3, 5, 7, 8, 10, 12]；list30 = [4, 6, 9, 11]。此时的 list31 和 list30 不是一个函数 list()，而是列表名称，但这个不规范，关键字不能做变量名和列表名，在这里只是为了让大家容易理解才用 list31 作为列表名称。

课堂任务

1. 编写万年历程序。
2. 掌握使用函数及循环语句编写程序。
3. 根据年份判断是否是闰年,在程序编写过程中,要注意每月的天数,闰年 2 月是 29 天,平年 2 月是 28 天。

探究活动

第一步:启动 Python 自带的 IDLE 编辑器,编写程序实现判断每个月份的天数的功能,并按 F5 键运行程序进行测试,参考代码如下。

```
list31 = [1, 3, 5, 7, 8, 10, 12]
list30 = [4, 6, 9, 11]
dayM1 = 31
dayM2 = 30
dayM3 = 29
dayM4 = 28
#年的天数:闰年 366 天,平年 365 天
dayY1 = 365
dayY2 = 366
#判断每个月份的天数
def monthDay(inYear, inMonth):
    if inMonth in list31:
        return dayM1
    elif inMonth in list30:
        return dayM2
    else:
        if inYear%400==0 or (inYear%4==0 and inYear%100!=0):
            return dayM3
        else:
            return dayM4
```

第二步:编写程序实现判断年份的天数的功能,并按 F5 键运行程序进行测试,参考代码如下。

```
list31 = [1, 3, 5, 7, 8, 10, 12]
list30 = [4, 6, 9, 11]。
dayM1 = 31
dayM2 = 30
dayM3 = 29
dayM4 = 28
#年的天数:闰年 366 天,平年 365 天
dayY1 = 365
dayY2 = 366
#判断年份的天数
def yearDay(inYear):
    if inYear%400==0 or (inYear%4==0 and inYear%100!=0):
        return dayY2
    else:
        return dayY1
```

第三步：编写程序实现判断年份的天数（如输入年份到 1900 年的总天数）功能，并按 F5 键运行程序进行测试，参考代码如下。

```
#输入年份到1900年的总天数
def allYearDay(inYear):
    allDay = 0
    for allYear in range(1900, inYear):
        allDay += yearDay(allYear)
    return allDay
```

第四步：编写程序实现判断输入年份的月份到本年 1 月 1 日的总天数功能，并按 F5 键运行程序进行测试，参考代码如下。

```
def allMonthDay(inYear, inMonth):
    allDay = 0
    for allMonth in range(1, inMonth):
        allDay += monthDay(inYear, allMonth)
    allDay+=1
    return allDay
```

第五步：编写程序实现计算输入年月的第一天的星期数功能，并按 F5 键运行程序进行测试，参考代码如下。

```
def weekNum(inYear, inMonth):
    #list = ["星期日", "星期一", "星期二", "星期三", "星期四", "星期五", "星期六"]
    weekN = ymallDay(inYear, inMonth)%7
    monthD = monthDay(inYear, inMonth)
    return weekN, monthD
```

第六步：编写程序实现输出日历表，并按 F5 键运行程序进行测试，如下程序代码供参考。

```
    # 先输出提示语句，接受用户输入的年、月
inYear = int(input("请输入年份："))
inMonth = int(input(("请输入月份：")))
weekN, monthD = weekNum(inYear, inMonth)
print("星期日    星期一    星期二    星期三    星期四    星期五    星期六")
for i in range(weekN):
    print("\t", end="\t")
#打印日期
for d in range(1, monthD+1):
    print(d, end="\t\t")
    #考虑换行
```

第七步：合并程序，完成万年历的制作，程序代码如下。

```
list31 = [1, 3, 5, 7, 8, 10, 12]
list30 = [4, 6, 9, 11]
dayM1 = 31
dayM2 = 30
dayM3 = 29
dayM4 = 28
#年的天数：闰年366天，平年365天
dayY1 = 365
dayY2 = 366
```

```python
#判断每个月份的天数
def monthDay(inYear, inMonth):
    if inMonth in list31:
        return dayM1
    elif inMonth in list30:
        return dayM2
    else:
        if inYear%400==0 or (inYear%4==0 and inYear%100!=0):
            return dayM3
        else:
            return dayM4
#判断年份的天数
def yearDay(inYear):
    if inYear%400==0 or (inYear%4==0 and inYear%100!=0):
        return dayY2
    else:
        return dayY1
#输入年份到1900年的总天数
def allYearDay(inYear):
    allDay = 0
    for allYear in range(1900, inYear):
        allDay += yearDay(allYear)
    return allDay
#输入年份的月份到本年的1月1日总天数
def allMonthDay(inYear, inMonth):
    allDay = 0
    for allMonth in range(1, inMonth):
        allDay += monthDay(inYear, allMonth)
    allDay+=1
    return allDay
#输入年份月份到1900年1月1日的总天数
def ymallDay(inYear, inMonth):
    return allYearDay(inYear)+allMonthDay(inYear, inMonth)

#计算输入年月的第一天的星期数，输出这个月的天数
def weekNum(inYear, inMonth):
    #list = ["星期日", "星期一", "星期二", "星期三", "星期四", "星期五", "星期六"]
    weekN = ymallDay(inYear, inMonth)%7
    monthD = monthDay(inYear, inMonth)
    return weekN, monthD

#输出日历
    #先输出提示语句，接受用户输入的年、月
inYear = int(input("请输入年份: "))
inMonth = int(input(("请输入月份: ")))
weekN, monthD = weekNum(inYear, inMonth)
print("星期日  星期一  星期二  星期三  星期四  星期五  星期六")
for i in range(weekN):
    print("\t", end="\t")
#打印日期
for d in range(1, monthD+1):
    print(d, end="\t\t")
```

```
    #考虑换行
    if(weekN + d) % 7 == 0:
        print()
input()
```

第八步：按 F5 键运行程序进行测试，运行结果如图 3.32 所示。

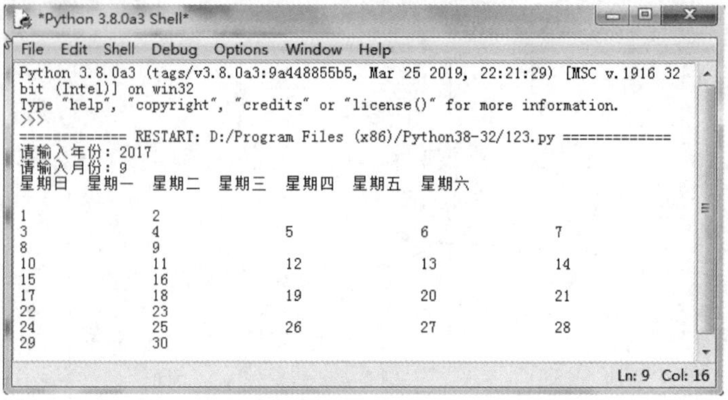

图 3.32　万年历

思维拓展

在学习简单的万年历编程基础上，请你编写一个程序实现带农历的万年日历表，并分享你的制作经验和成果。

本章学习评价

完成下列各题，并通过完成本章的知识链接、探究活动、课堂练习、思维拓展等内容，综合评价自己在知识与技能、解决实际问题的能力以及相关情感态度与价值观的形成等方面，是否达到了本章的学习目标。

1．赋值语句的格式是_____，其作用是_____。

2．Python 程序基本结构分为顺序结构、_____和_____。

3．选择结构是用于程序执行过程判断给定的条件，根据判断的结果来控制程序的流程。当判断条件成立，则执行 A 语句，否则执行 B 语句。只要 if 后面括号里的结果（称之为测试表达式）为_____，则执行冒号后面的语句（称之为执行语句块）；若为假，则跳过冒号后面的执行语句。

4．下列语句写法是否正确？

if (x>120) x=x-1;   （   ）

if (x>120):   （   ）

X=x-1   （   ）

if (x>120){x=x-1}   （   ）

5．多重选择语句的格式是_____，其作用是_____。

6．for 循环语句的格式是_____，其执行过程是_____。

7. 在"for counter in range(1,100):"语句中，range(1,100)表示_____，离开循环的条件是_____。

8. 编写一组程序，在键盘输入某年某月某日，系统判断这一天是这一年的第几天。

9. 编写一组程序，任意输入 3 个整数 x、y、z 之后，由小到大输出这 3 个数。

10. 古典问题：有一对兔子，从出生后第 3 个月起每个月都生一对兔子，小兔子长到第三个月后每个月又生一对兔子，假如兔子都不死，编写程序求出每个月的兔子总数是多少。

11. 编写程序输出 1000 以内水仙花数，即一个三位数等于各位的三次方之和。

12. 企业发放的奖金根据利润的多少来提成：低于或等于 10 万元时，奖金可提 10%；利润高于 10 万元，低于 20 万元时，低于 10 万元的部分按 10%提成，高于 10 万元的部分，可提成 7.5%；20 万~40 万元时，高于 20 万元的部分，可提成 5%；40 万~60 万元时，高于 40 万元的部分，可提成 3%；60 万~100 万元时，高于 60 万元的部分，可提成 1.5%；高于 100 万元时，超过 100 万元的部分按 1%提成。编写一组程序，从键盘输入当月利润，然后输出应发放奖金总数。

13. 编写一组程序，统计从键盘输入的一行字符中的英文字母、空格、数字和其他字符的个数。

14. 利用递归函数调用方式，编写一组程序，将所输入的 5 个字符，以相反顺序打印出来。

15. 编写一组程序，计算出 1~100 之和。

16. 编写一组程序，计算从键盘输入的数字的平方值，当数字的平方值小于 50 时，则停止输入。

17. 编写程序打印出杨辉三角形。（要求打印出如下 10 行）

1
1 1
1 2 1
1 3 3 1
1 4 6 4 1
1 5 10 10 5 1
1 6 15 20 15 6 1
1 7 21 35 35 21 7 1
1 8 28 56 70 56 28 8 1
1 9 36 84 126 126 84 36 9 1

18. 有 n 个人围成一圈，顺序排号。从第一个人开始报数（从 1 到 3 报数），凡报到 3 的人退出圈子，编写程序求出最后留下的是原来第几号的人。

19. 编写 input()和 output()函数，输入、输出 5 名学生的数据记录。

20. 编写程序实现八进制转换为十进制功能。

21. 编写程序计算出 0~7 所能组成的奇数个数。

22. 某个公司采用公用电话传递数据，数据是 4 位的整数，请你编写程序对在传递过程中的数据进行加密。加密规则如下：每位数字都加上 5，然后用和除以 10 的余数代替该数字，再将第一位和第四位交换，第二位和第三位交换。

23. 编写一组猜数游戏程序，判断一个人的反应快慢。程序代码如下，请完成下面空格中的内容。

```
def tm094():
    import time, random
    print('《猜大小 0～1000 之间》')
    x = random.randint(0, 1000)
    flag = input('是否开始(y/n): ')
    if flag=='y':
        s = time.time()
        while 1:
            m = int(                    )
            if m>x:
                print('大了')
            elif m<x:
                print('小了')
            else:
                print('bingo!')
                (              )
        e = time.time()
        print('耗时%.2f秒'%(e-s))
        print(time.sleep(5))
```

24. 从键盘输入一个字符串，将小写字母全部转换成大写字母，然后输出到一个磁盘文件 test 中保存。

25. 本章对你启发最大的是_____。

26. 你还学会了_____。

第 4 章 数 据 结 构

在前面的学习中,我们了解了 Python 基本数据类型、常用函数及程序结构的知识,初步形成了对 Python 语言软件开发流程、常用函数及基本数据类型使用方法的认识,领略了 Python 编程的奇妙之道,感悟到 Python 程序设计是关键环节。

在软件开发过程中,除了基本数据类型和常用函数之外,我们还常常会用到列表、元素、字典、排序等知识。Python 3.8 版本不仅提供丰富的标准库及其模块供开发者直接调用,还提供了面向对象编程的类及其属性,为 Python 程序设计锦上添花。

本章将从一些现实生活实例出发,在上机实验过程中学习列表、元素、字典、集合、函数、类、标准库及模块等数据类型使用方法。掌握数据结构基础语法,把抽象的语法变为形象具体的活动课堂,让读者尽快掌握 Python 数据结构的基础知识。

本章主要知识点:

➢ Python 列表操作
➢ Python 列表算法
➢ Python 列表排序
➢ Python 多维列表
➢ Python 元组及操作
➢ Python 字典及操作
➢ Python 集合及操作
➢ Python 自定义函数
➢ Python 类及其属性
➢ Python 标准库及模块

4.1 列表的操作

知识链接

列表创建完成之后,可以对这个列表进行增加、删除、修改、查询、统计、排序、复制、切片、清空等操作,在第 3 章已经介绍过创建和排序操作,本节内容主要介绍增加、删除、查询、修改及切片、复制与清空等操作。

1. 增加列表元素的更多方法

增加列表元素的更多方法如表 4.1 所示。

表 4.1 增加列表元素的方法

方法	描述	举例

insert(index,value)	在指定位置插入元素（修改原列表）	>>> a=[4, 5, 6]
		>>> a.insert(3, 11)
		>>> a
		[4, 5, 6, 11]

extend(列表名称)	将目标列表的元素添加到本列表的尾部（修改原列表）	>>> a=[10, 30]
		>>> a.extend([43, 48])
		>>> a
		[10, 30, 43, 48]

+运算符	在尾部加上一个列表（创建了新列表）	>>> a=[33, 38]
		>>> b=a+[55]
		>>> b
		[33, 38, 55]

2. 列表元素的删除

方法一：

```
del 列表名[要删除元素位置]
```

删除列表指定位置的元素，例如：

```
>>> a=[1,2,3,4,5]
>>> del a[2]
>>> a
[1,2,4,5]
```

方法二：

```
列表名.pop(要删除元素位置)
```

删除并返回指定位置元素（默认为最后一个元素），例如：

```
>>> a=[11,21,31,41,51]
>>> a.pop(2)
31
>>> a
[11, 21, 41, 51]
```

方法三：

```
列表名.remove(指定元素位置)
```

删除首次出现的指定元素，若不存在指定的元素，则报错，例如：

```
>>> a=[1,2,3,4,5,6,7,8]
>>> a.remove(4)
>>> a
[1,2,3,5,6,7,8]
```

3. 搜索列表

方法一：

要搜索元素 in 列表名

判断某个元素是在列表中,可以使用 in 关键词,例如:

```
>>> b=[1,2,"m",56,78]
>>> 56 in b
True
>>> 90 in b
False
```

方法二:

列表名.index(要查找的元素)

找出列表元素位于列表什么位置,例如:

```
>>> b=[1,2,3,4,5,6,7,8]
>>> b.index(5)
4
```

4. 列表切片操作

切片(slice)可以让我们快速提取出子列表,格式为:[列表][start:end:step],如表 4.2 所示。

表 4.2 [列表][start:end:step]格式

操作说明(参数为正数)	示 例	结 果
[start:end: step]从 start 开始提取到(end-1),步长为 step	>>>[1, 2, 3, 4, 5, 6, 7, 8][1:6:2]	[2, 4, 6]
[start]从 start 索引开始到结尾	>>>[3, 4, 5, 6, 7, 8, 9][1:]	[4, 5, 6, 7, 8, 9]
[:end]从头开始到(end-1)	>>>[1, 2, 3, 4, 5, 6][-4:-2]	[3, 4]
[:]提取整个列表	>>>[3, 4, 5][:]	[3, 4, 5]
[-start]从倒数第 start 开始	>>>[1, 2, 3, 4, 5, 6][-2:]	[5, 6]
[-start-end]从倒数 start 开始到倒数第(end-1)结束	>>>[1, 2, 3, 4, 5, 6][-4:-2]	[3, 4]
[:-step]反向提取	>>> [1, 2, 3, 4, 5, 6][:-2]	[1, 2, 3, 4]

5. 列表的复制

列表复制与文件复制是一样的含义,list.copy()函数用于复制列表,类似于 list_copy[:],返回复制后的新列表。

例如:

```
>>> a=[3, 4, 5, 6, 7, 8, 9]
>>> c=a.copy()
>>> c
[3, 4, 5, 6, 7, 8, 9]
```

6. 列表的清空

列表清空,也就是把列表内的元素全部删除。list.clear()函数用于清空列表,类似于 del list[:],该方法没有返回值。

例如:

```
>>> c=[5, 6, 7, 8, 9, 10]
>>> c.clear()
>>> c
[]
```

课堂任务

1. 给列表增加元素的其他方法。
2. 如何从列表中删除元素。
3. 列表的搜索操作与切片操作。

探究活动

编写一组程序统计学生成绩，程序能自动将 60 分以上（含 60 分），和 60 分以下的成绩区分开，并分别打印出来。

第一步：启动 python 自带的 IDLE 编辑器，编写程序。先产生一个空的列表：a=[]，c=[]，d=[]。然后使用循环语句 while 搜索列表 a 的元素，如果满足大于或小于 60 的条件，再使用列表切片技术与尾部添加元素方法,把原列表的元素放入大于 60 分的 c 列表或小于 60 分的 d 列表。另外，要提醒的是，对列表元素进行比较运算时，必须先进行数值转换，如 float(a[j])，这里的 float()是转换成带小数点的实数，也可以用 int()，这是转换成整数，参考代码如下。

```
b=int(input("请输入学生人数："))
a=[]
c=[]
d=[]
i=0
j=0
while( i<=(b-1)):     #控制产生多少次成绩。
    a.append(input("请输入第%s 个学生成绩："%i))
    i=i+1
while(j<=b-1):
    if(float(a[j])>=60):
        c.append(a[j:j+1:1])
    else:
        d.append(a[j:j+1:1])
    j=j+1
print("大于 60 分：", c)
print("小于 60 分：", d)
```

第二步：按 F5 键运行程序，输入数据，观察结果，如图 4.1 所示。

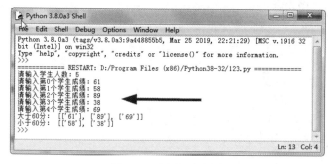

图 4.1　列表切片应用

第三步：修改程序，把 while 改用 for 语句，然后思考探究大于 60 分或小于 60 分列表元素值有没有其他方法实现归类输出。

课堂练习

编写一组程序统计新学生招生情况，要求输入新同学的姓名，程序能按学生姓名查询，并把查询到的学生姓名能打印出来，查不到就打印"查无此人"，参考程序代码如图 4.2 所示。

图 4.2　查询程序

思维拓展

编写一组程序统计新学期招生名单库，要求可以输入新同学的姓名信息，并能显示前 3 名学生姓名；可以对输入姓名有误的学生信息进行修改和删除；程序能按学生姓名查询，并能把查询到的学生姓名显示出来，查不到的就显示"查无此人"，并能重复查询，直到不想查询自动退出。

4.2　列表的常用算法

知识链接

算法列表，为各类算法的集合，算法的本质就是解决问题。在程序开发的过程中，常常会用到列表数据的筛选、查找、插入、排序等算法。其中排序算法更加常见，例如，冒泡排序、选择排序、插入排序、快速排序、归并排序、堆排序等，如表 4.3 所示。

表 4.3　排序算法表

名　称	复　杂　度	说　明
冒泡排序 Bubble Sort	O(N*N)	将待排序的元素看作是竖着排列的"气泡"，较小的元素比较轻，从而要往上浮
插入排序 Insertion Sort	O(N*N)	逐一取出元素，在已经排序的元素序列中从后向前扫描，放到适当的位置（起初，已经排序的元素序列为空）
选择排序 Selection Sort	O(N*N)	首先在未排序序列中找到最小元素，存放到排序序列的起始位置，然后再从剩余未排序元素中继续寻找最小元素，然后放到排序序列末尾，以此递归
快速排序 Quick Sort	O(n *log2(n))	先选择中间值，然后把比它小的放在左边，大的放在右边（具体的实现是从两边找，找到一对后交换）。然后对两边分别使用这个过程（递归）

续表

名　称	复杂度	说　明
堆排序 Heap Sort	O(n *log2(n))	利用堆（heaps）这种数据结构来构造的一种排序算法。堆是一个近似完全二叉树结构，并同时满足堆属性，即子节点的键值或索引总是小于（或者大于）它的父节点
希尔排序 Shell's Sort	O(n1+£) 0<£<1	选择一个步长（Step），然后按间隔为步长的单元进行排序。递归，步长逐渐变小，直至为1

1. 列表数据的筛选

常用于在已知列表中筛选出指定的元素，如 a=[12,34,56,78,90]，尝试写一段程序筛选出列表 a 的最大值，如图 4.3 所示。

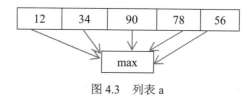

图 4.3　列表 a

图 4.3 所示求出最大值的程序代码如下。

```
a=[12, 34, 56, 78, 90]
maxone=0
i=0
j=0
while i<=(len(a)-1):
    if a[i]>a[maxone]:
        maxone=i
    i=i+1
print(a)
```

2. 冒泡排序法

列表每两个相邻的数，如果前面比后面大，则交换这两个数。一趟排序完成后，则无序区减少一个数，有序区增加一个数，如图 4.4 所示。

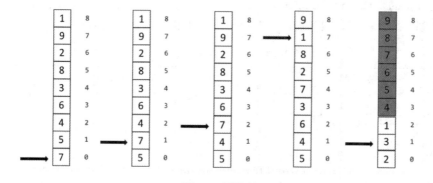

图 4.4　冒泡法

如图 4.4 所示排序之后，最大的数为 9，就到了列表最顶部，成为了有序区，下面的部分则还是无序区。然后在无序区不断重复这个过程，每完成 1 次排序，无序区减少 1 个数，有序区增加 1 个数。图示最后 1 张图要开始第 6 次排序，排序从第 0 次开始计数，剩一个数时就不需要排序了，因此整个排序排了 n-1 次。

执行第 1 次排序程序代码如下，执行结果如图 4.5 所示。

```
a=[1, 9, 2, 8, 3, 6, 4, 5, 7]
for j in range(len(a)-1):
    if a[j]>a[j+1]:
        t=a[j]
        a[j]=a[j+1]
        a[j+1]=t
for j in a:
    print(j)
```

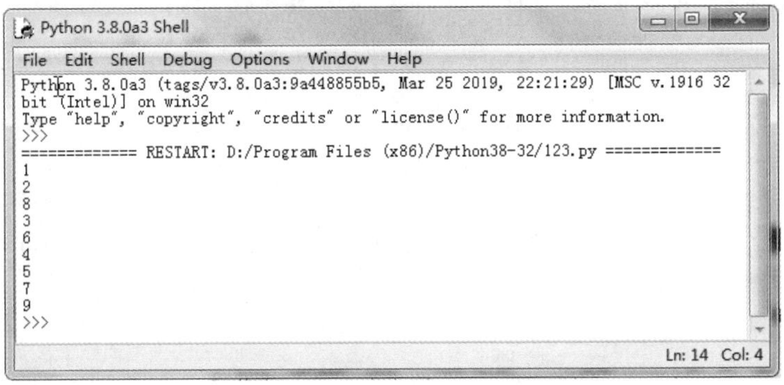

图 4.5 执行第 1 次排序运行结果

执行排序第 n-1 次的程序代码如下，执行结果如图 4.6 所示。

```
a=[1, 9, 2, 8, 3, 6, 4, 5, 7]
for i in range(len(a)-1):
    for j in range(len(a)-1):
        if a[j]>a[j+1]:
            t=a[j]
            a[j]=a[j+1]
            a[j+1]=t
for j in a:
    print(j)
```

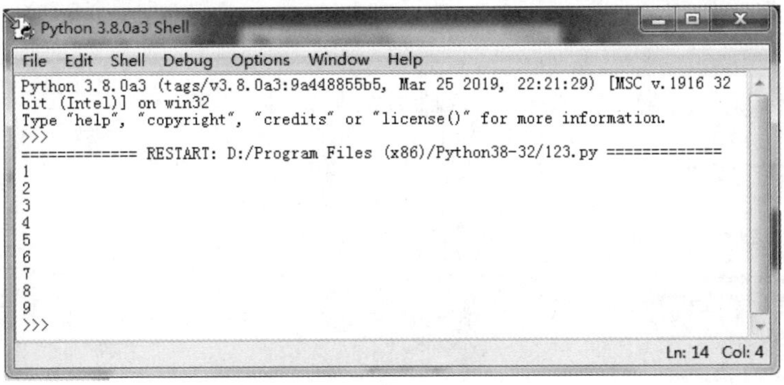

图 4.6 列表 a 排序完成运行结果

3. 选择排序法

采用最简单的选择方式，从头到尾扫描待排序列，找一个最小的记录（递增排序），和第一个记录交换位置，再从剩下的记录中继续反复这个过程，直到全部有序。

具体执行过程：首先通过 n-1 次关键字比较，从 n 个记录中找出关键字最小的记录，将它与第一个记录交换。再通过 n-2 次比较，从剩余的 n-1 个记录中找出关键字次小的记录，将它与第二个记录交换。重复上述操作，共进行 n-1 趟排序后，排序结束，如图 4.7 所示。

```
                                          k
                                          ↓              比较次数
   i=1  初始：  [ 13   38   65   97   76   49   27 ]     n-1
                                              ↑
                                              j
   i=2  一趟：    13  [38   65   97   76   49   27 ]     n-2
   i=3  二趟：    13   27  [65   97   76   49   38 ]
   i=4  三趟：    13   27   38  [97   76   49   65 ]
   i=5  四趟：    13   27   38   49  [76   97   65 ]
   i=6  五趟：    13   27   38   49   65  [97   76 ]     n-6
   结束： 六趟：   13   27   38   49   65   76   97
```

图 4.7 选择排序法执行过程图

可以看出：每次从待排序的数据中选取最小（最大）的一个元素，存放到序列的起始位置，直到全部排完。

课堂任务

1. 学会通过算法筛选列表中的数据。
2. 理解冒泡排序过程，并能写出相应的程序。
3. 理解选择排序过程，并能写出相应的程序。
4. 理解冒泡排序算法与选择排序算法之间的区别。

探究活动

任务 1

利用选择排序法对如图 4.7 所示的列表[13, 38, 65, 97, 76, 49, 27]进行排序，然后再打印出来。

第一步：启动 python 自带的 IDLE 编辑器，编写程序。首先，创建列表 list，采用双重循环控制，内循环控制大数与小数交换，把大数放后面。中间变量 temp 是用来交换时临时存放数据用的。参考代码如下。

```
list = [13, 38, 65, 97, 76, 49, 27]
for i in range(len(list)-1, 0, -1):
    maxone = 0
    for j in range(1, i+1):
        if list[j] > list[maxone]:
            maxone = j
    temp = list[i]
    list[i] = list[maxone]
    list[maxone] = temp
print(list)
```

第二步：按 F5 键测试程序运行结果，如图 4.8 所示。

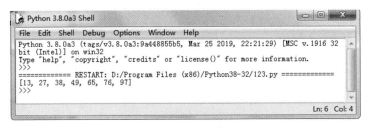

图 4.8 选择排序法运行结果

第三步：修改程序，采用冒泡法对列表[13, 38, 65, 97, 76, 49, 27]，参考程序代码如下。

```
a=[13, 38, 65, 97, 76, 49, 27]
for i in range(len(a)-1):
    for j in range(len(a)-1):
        if a[j]>a[j+1]:
            t=a[j]
            a[j]=a[j+1]
            a[j+1]=t
Print(a)
```

第四步：按 F5 键测试运行，运行结果如图 4.8 所示。选择排序和冒泡法运行结果都是一样的。因此两种方法都可以，但也有区别，如表 4.4 所示。

表 4.4 冒泡排序法与选择排序法

对 比 项 目	冒 泡 法	选 择 法
对比规则	相邻元素间的对比	选定一个数，与所有元素进行对比
确定顺序（升序为例）	先确定最大值（max）	先确定最小值（min）
计算效率	存在大量的重复比较	没有重复的比较

任务 2

刚才我们采用了两种方法，使用 for 语句对同一列表进行排序，以升序排序。现在请大家改为降序排序，并探究改用 while 语句。

课堂练习

1. 编写程序：要求利用冒泡排序法对列表[9,38.5,55,7,96,49,3]进行降序排序，然后再打印出来。

提示：程序代码可以参照知识链接例题所示的程序代码。

2. 编写程序对 10 个数进行排序（要求使用列表），程序代码参考如下。

```
a = [1, 5, 7, 3, 2, 4, 9, 10, 6, 8]
a.sort()
print(a)
a = [1, 5, 7, 3, 2, 4, 9, 10, 6, 8]
b = [a[0]]
for num in a[1:]:
    for i in range(len(b)):
        if num<b[i]:
            b.insert(i, num)
            break
```

```
    else:
        b.append(num)
print(b)
```

思维拓展

编写程序统计一次考试学生成绩，分别采用冒泡排序和选择排序法对该班学生成绩进行降序排名，计算平均分及打印出最低分、最高分。

4.3 多维列表

知识链接

多维表是结构比较复杂的表格，与二维表不同，它的栏目名称并不都在第一行出现，而是随机出现在各行，数据也不总填写在名称下部，还可以出现在它的右边。

1. 多维列表

在列表中的元素也包含有列表。通常有一维列表、二维列表，一维列表可以存储一维、线性的数据，如 a=["小王","小李","小钱"]。二维列表可以存储二维表格的数据，如学生的成绩单，含有姓名、性别、语文、数学、英语、总分等信息，如表4.5与图4.9所示。

表4.5 学生成绩表

姓 名	性 别	语 文	数 学	英 语	总 分
张三	男	90	85	85	
李四	女	78	75	89	
王五	男	82	91	75	

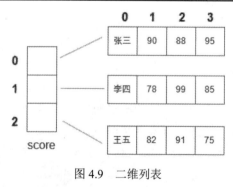

图4.9 二维列表

2. 二维列表标准格式

```
Score=[
    ["张三", "男", 90, 88, 95],
    ["李四", "女", 78, 99, 85],
    ["王五", "男", 82, 91, 75]
]
```

注意：元素间要用逗号隔开。

3. 二维列表的遍历

二维列表遍历和一维列表遍历类似，只不过在遍历到一维元素时，由于元素是一维列表，还需要遍历，构成双重循环。

例如，图 4.9 所示二维列表的遍历程序代码如下。

```
score=[
["张三", 90, 88, 95],
["李四", 78, 88, 95],
["王五", 83, 91, 75]
]
for i in range(3):
    for j in range(4):
        print(score[i][j], end="\t")
    print()
```

图 4.9 所示二维列表的遍历运行结果如图 4.10 所示。

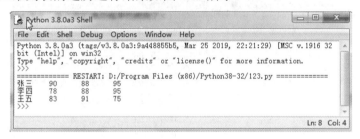

图 4.10　运行结果

可见，上面例子采用了 for 循环语句的嵌套实现二维列表的遍历，也就是说，多维列表都需要循环语句的嵌套方法解决遍历问题。

4. 二维列表的创建

Python 创建二维列表可以通过尾部追加与循环的方式来创建，例如，图 4.9 所示二维列表创建的程序代码如下。

```
a=[]
for i in range(3):
    a.append([])    #产生学生
    for j in range(4):
        if (j==0):
            a[i].append(input("请输入学生姓名："))
        else:
            a[i].append(input("请输入学生第%s科成绩："%j))
print(a)
```

课堂任务

1. 如何创建多维表。
2. 学会用多维列表来存储表格类数据。

3．学会用嵌套循环来遍历多维列表。

探究活动

任务1

编写一组程序，要求可以循环录入学生信息（姓名、语文、数学、英语），录入完成后一并打印输出。

第一步：启动 Python 自带的 IDLE 编辑器，编写程序。利用 for 循环语句二次循环来实现二维列表的遍历。外循环控制第几位学生，内循环控制该学生的个人信息录入（如姓名、年龄、总分），参考程序代码如下。

```
a=[]
for i in range(3):
    a.append([])    #产生学生
    for j in range(4):
        if (j==0):
            a[i].append(input("请输入学生姓名："))
        else:
            a[i].append(input("请输入学生第%s科成绩："%j))
print(a)
```

第二步：按 F5 键进行测试，运行结果如图 4.11 所示。

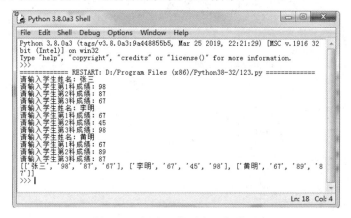

图 4.11　创建二维列表运行结果

第三步：想一想，如何把录入的字符型分数变成数值型的分数？

任务2

编写一个程序，要求可以循环输入学生信息（姓名、语文、数学、英语、总分），自动计算总分，然后打印输出二维列表。

第一步：修改任务 1 的程序代码增加计算每位同学的总分，并追加到个人列表中。设置 k 变量计算录入科目数，当输入完三科成绩之后 k 的值为 3，再设置一组程序计算每名学生的成绩 p，每输入一科成绩自动加到 p 变量中，其中，p=p+s 就是累加器，程序代码如图 4.12 所示。

第二步：按 F5 键测试程序是否达到目的，运行结果如图 4.13 所示。

第三步：想一想，如果要计算每位同学的平均分，并加入列表中，又如何设计程序？

```
a=[]
for i in range(3):
    a.append([])
    k=0
    p=0
    for j in range(4):
        if (j==0):
            a[i].append(input("请输入学生姓名："))
        else:
            s=float(input("请输入学生第%s科成绩："%j))
            a[i].append(s)
            p=p+s
            k=k+1
            if (k==3):
                a[i].append(p)
print(a)
```

图 4.12　自动计算总分程序代码

```
请输入学生姓名：张二
请输入学生第1科成绩：87
请输入学生第2科成绩：89
请输入学生第3科成绩：76
请输入学生姓名：李五
请输入学生第1科成绩：87
请输入学生第2科成绩：67
请输入学生第3科成绩：90
请输入学生姓名：王六
请输入学生第1科成绩：99
请输入学生第2科成绩：89
请输入学生第3科成绩：78
[['张二', 87.0, 89.0, 76.0, 252.0], ['李五', 87.0, 67.0, 90.0, 244.0], ['王六', 99.0, 89.0, 78.0, 266.0]]
```

图 4.13　计算总分运行结果

课堂练习

在任务 1 的基础上，学生信息输入完成后支持搜索查看某一项信息。例如，系统显示"请按编号输入您想查看的内容（1.姓名 2.性别 3.总分 4.退出）："时，你从键盘输入 1，则显示"张三"和"李四"名字。程序代码格式如图 4.14 所示，运行结果如图 4.15 所示。

```
a=[]
for i in range(3):
    a.append([])
    k=0
    p=0
    for j in range(3):
        if (j==0):
            a[i].append(input("请输入学生姓名："))
        elif(j==1):
            a[i].append(input("请输入学生性别："))
        else:
            b=i+1
            s=float(input("请输入第%s学生总分："%b))
            a[i].append(s)
print(a)
while True:
    print("*********************")
    print("----------菜单----------")
    print("按学生姓名查询----------1")
    print("按学生性别查询----------2")
    print("按学生总分查询 ---------3")
    print("退出程序    ----------0")
    print("*********************")
    nChoose = input("请输入你的选择：")
    if (nChoose == "1"):
        for i in range(3):
            print(a[i][0])
    if(nChoose == "2"):
        for j in range(3):
            print(a[j][0],a[j][1])
            print("")
    if nChoose == "3":
        for j in range(3):
            print(a[j][0],a[j][2])
    if nChoose == "0":
        break
```

图 4.14　查询程序代码格式

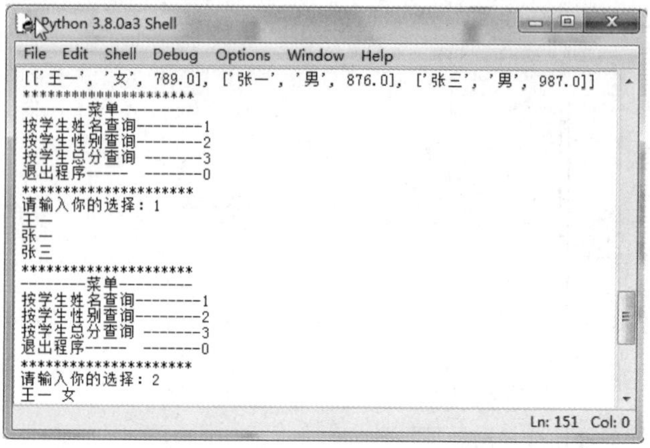

图 4.15　查询程序运行结果

程序代码如下。

```
a=[]
for i in range(3):
    a.append([])
    k=0
    p=0
    for j in range(3):
        if (j==0):
            a[i].append(input("请输入学生姓名："))
        elif(j==1):
            a[i].append(input("请输入学生性别："))
        else:
            b=i+1
            s=float(input("请输入第%s 学生总分："%b))
            a[i].append(s)
print(a)
while True:
    print("*********************")
    print("--------菜单---------")
    print("按学生姓名查询--------1")
    print("按学生性别查询--------2")
    print("按学生总分查询 -------3")
    print("退出程序-----  -------0")
    print("*********************")
    nChoose = input("请输入你的选择：")
    if (nChoose == "1"):
        for i in range(3):
            print(a[i][0])
    if(nChoose == "2"):
        for j in range(3):
            print(a[j][0], a[j][1])
            print("")
    if nChoose == '3':
        for j in range(3):
            print(a[j][0], a[j][2])
```

```
        if nChoose == '0':
            break
```

思维拓展

编写一组二维列表的学生成绩统计程序，要求程序能循环输入学生信息（姓名、性别、语文、数学、英语、总分），当成绩输入完成后自动计算总分，然后再设定查询菜单，分别按学生姓名、性别、最高分、最低分查询，查询时输出学生姓名、性别、各科成绩及总分等信息。

4.4　多维列表排序

知识链接

在一维列表知识介绍中，已经介绍完毕列表排序的冒泡法和选择法，但对二维或更多维的列表元素如何排序？这给我们初学者带来了困惑。下面以二维列表为代表，介绍多维列表的排序方法。

目前，Python 3.8 二维列表排序主要方法如下：

（1）使用 lambda 关键词辅助对二维列表进行排序。用 list.sort()和 sorted()函数增加了 key 参数来指定一个函数 lambda，此函数将在每个元素比较前被调用。

（2）使用 operator 模块的 itemgetter 函数辅助对二维列表进行排序，结果和使用 lambda 关键词相同。

1. 使用 lambda 关键词辅助对二维列表进行排序

在 Python 中，lambda 的语法是唯一的，其格式如下。

```
lambda argument_list: expression
```

其中，lambda 是 Python 预留的关键字，argument_list 和 expression 由用户自定义。这里的 argument_list 是参数列表。它的结构与 Python 中函数 function 的参数列表是一样的。具体来说，argument_list 可以有非常多的形式。

例 1：假设有一个学生列表存储了学号、姓名、年龄信息，现在要按学号顺序排序。（要求：使用 lambda 关键词）

```
>>>students = [[3, 'Jack', 12], [2, 'Rose', 13], [1, 'Tom', 10], [5, 'Sam', 12], [4, 'Joy', 8]] #创建列表
>>>sorted(students, key=(lambda x:x[0]))   #按学号顺序排序
[[1, 'Tom', 10], [2, 'Rose', 13], [3, 'Jack', 12], [4, 'Joy', 8], [5, 'Sam', 12]]
```

例 2：在例 1 列表中，要按年龄为主要关键字，名字为次要关键字倒序排序。（要求：使用 lambda 关键词）

```
>>> students = [[3, 'Jack', 12], [2, 'Rose', 13], [1, 'Tom', 10], [5, 'Sam', 12], [4, 'Joy', 8]] #创建列表
>>>sorted(students ,key=(lambda x:[x[2], x[1]]), reverse=True)
[[2, 'Rose', 13], [5, 'Sam', 12], [3, 'Jack', 12], [1, 'Tom', 10], [4, 'Joy', 8]]
```

2. 使用 operator 模块的 itemgetter 函数辅助对二维列表进行排序

在使用这两个函数前必须调用此模块，如 from operator import itemgetter，否则会出错的。

例 3：假设有一个学生列表存储了学号、姓名、年龄信息，现在要按学号顺序排序。（要求：使用 operator 模块的 itemgetter 函数）

```
>>> students = [[3, 'Jack', 12], [2, 'Rose', 13], [1, 'Tom', 10],[5, 'Sam', 12], [4, 'Joy', 8]]
>>> from operator import itemgetter
>>> sorted(students, key=itemgetter(0))
[[1, 'Tom', 10], [2, 'Rose', 13], [3, 'Jack', 12], [4, 'Joy', 8], [5, 'Sam', 12]]
```

例 4：按年龄为主要关键字，名字为次要关键字倒序排序。（要求：使用 operator 模块的 itemgetter 函数）

```
>>> students = [[3, 'Jack', 12], [2, 'Rose', 13], [1, 'Tom', 10], [5, 'Sam', 12], [4, 'Joy', 8]]
>>> from operator import itemgetter
>>> print(sorted(students, key=itemgetter(2, 1), reverse=True))
[[2, 'Rose', 13], [5, 'Sam', 12], [3, 'Jack', 12], [1, 'Tom', 10], [4, 'Joy', 8]]
```

3. 升序或降序

list.sort()和 sorted()都接受一个参数 reverse（True or False）来表示升序或降序排序，其中 reverse=True 为降序，reverse=False 为升序，如例 4 所示。

4. 排序的稳定性和复杂排序

排序被保证为稳定的，意思是说多个元素如果有相同的 key，则排序前后它们的先后顺序不变。更复杂地，你可以构建多个步骤来进行更复杂的排序。例如，对 students 数据先以学号升序排列，然后再以年龄降序排列。

```
>>> students = [[3, 'Jack', 12], [2, 'Rose', 13], [1, 'Tom', 10], [5, 'Sam', 12], [4, 'Joy', 8]]
>>> from operator import itemgetter
>>> sorted(students, key=itemgetter(0), reverse=False)
[[1, 'Tom', 10], [2, 'Rose', 13], [3, 'Jack', 12], [4, 'Joy', 8], [5, 'Sam', 12]]
>>> sorted(students,key=itemgetter(2), reverse=True)
[[2, 'Rose', 13], [3, 'Jack', 12], [5, 'Sam', 12], [1, 'Tom', 10], [4, 'Joy', 8]]
```

5. 归纳小结

对需要进行区域相关的排序时，可以使用 locale.strxfrm()作为 key 函数，或者使用 local.strcoll()作为 cmp 函数。reverse 参数仍然保持了排序的稳定性，有趣的是，同样的效果可以使用 reversed()函数两次来实现。

```
>>> class Student:
        def __init(self, name, grade, age):
            self.name = name
            self.grade = grade
            self.age = age
        def __repr(self):
            return repr((self.name, self.grade, self.age))
>>> student_objects = [
```

```
        Student('john', 'A', 15),
        Student('jane', 'B', 12),
        Student('dave', 'B', 10),
        ]
>>> data = [('red', 1), ('blue', 1), ('red', 2), ('blue', 2)]
    >>> assert sorted(data, reverse=True) == list(reversed(sorted(reversed(data))))
```

其实，排序在内部是调用元素的__cmp__来进行的，所以我们可以为元素类型增加__cmp__方法使得元素可比较。

```
  >>> Student.__lt__ = lambda self, other: self.age < other.age
>>> sorted(student_objects)
[('dave', 'B', 10), ('jane', 'B', 12), ('john', 'A', 15)]
```

key 函数不仅可以访问需要排序元素的内部数据，还可以访问外部的资源，例如，如果学生的成绩是存储在 dictionary 中的，则可以使用此 dictionary 来对学生名字的 list 排序，代码如下。

```
>>> students = ['dave', 'john', 'jane']
>>> newgrades = {'john':'F', 'jane':'A', 'dave':'C'}
>>> sorted(students, key=newgrades.__getitem__)
['jane', 'dave', 'john']
```

当你需要在处理数据的同时进行排序的话，sort()、sorted()或 bisect.insort()不是最好的方法。在这种情况下，可以使用 heap、red-black tree 或 treap。

课堂任务

1. 多维列表排序方法。
2. 学会用多维列表多个关键字升序或降序排序法。
3. 掌握排序的稳定性和复杂排序。

探究活动

编写一组二维列表的学生成绩统计程序，要求程序能循环输入学生信息（姓名、语文、数学、英语、总分），其中总分不用输入，要求自动计算并存入列表，然后分别按总分、语文、数学、英语成绩进行降序排序。输出学生姓名、性别、各科成绩及总分等信息。

第一步：启动 Python 自带的 IDLE 编辑器，编写程序。参考第 4 章 4.3 节课堂练习的程序代码，特别要重视排序算法，使用 operator 模块的 itemgetter 函数辅助对二维列表进行排序，使用前要调用相关函数，如 from operator import itemgetter。然后在选择按什么排序时使用 print 函数直接输出，如 print(sorted(a, key=itemgetter(1), reverse=True))，其中 itemgetter(1)中的 1 表示按列表第 1 位置的数据进行排序，reverse=True 表示降序，程序代码如下。

```
a=[]
from operator import itemgetter   #很重要的，排序用的
for i in range(3):
    a.append([])    #产生学生
    k=0
```

```
        p=0
        for j in range(4):
            if (j==0):
                a[i].append(input("请输入学生姓名："))
            else:
                s=float(input("请输入学生第%s科成绩："%j))
                a[i].append(s)
                k+=1
                p=p+s
                if (k==3):
                    a[i].append(p)
                    break
while True:
    print("********************")
    print("--------菜单----------")
    print("按语文成绩排序--------1")
    print("按数学成绩排序--------2")
    print("按英语成绩排序 -------3")
    print("按总分排序 ----   ---4")
    print("退出程序-----   -------0")
    print("********************")
    nChoose = input("请输入你的选择：")
    if (nChoose == "1"):
        print(sorted(a,key=itemgetter(1),reverse=True))
    if(nChoose == "2"):
        print(sorted(a,key=itemgetter(2),reverse=True))
    if nChoose == '3':
        print(sorted(a,key=itemgetter(3),reverse=True))
    if nChoose == '4':
        print(sorted(a,key=itemgetter(4),reverse=True))
    if nChoose == '0':
        break
```

第二步：按 F5 键进行程序测试，运行结果如图 4.16 所示。

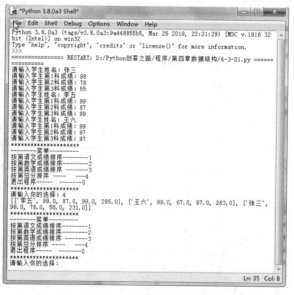

图 4.16　多维列表排序

第三步：想一想，此次任务是按各科分数降序排列，能不能改为升序顺序排序呢？另外，排序方法能不能改为使用 lambda 关键词辅助对二维列表进行排序呢？

课堂练习

编写一组程序统计一个班同学的体检基本信息，循环输入学生的姓名、年龄、身高、体重等信息，然后分别按年龄、身高、体重进行升序排序，并输出排序结果。

提示： 参考程序代码如图 4.17 所示，运行结果如图 4.18 所示。

图 4.17　参考程序代码

图 4.18　运行结果

思维拓展

编写一组程序，统计分析一次期末学生考试成绩，要求循环输入学生的姓名、语文、数学、英语、物理、化学、生物等学科成绩，输入成绩及学生信息之后，自动计算总分及各科平均分，输出各科最高分、最低分、平均分，并按总分降序方式进行排序，最后输出排序结果。

4.5 元　　组

知识链接

在 Python 中，元组这种数据结构同列表类似，都可以描述一组数据的集合，它们都是容器，是一系列组合的对象，不同的地方在于元组里的元素是不能更改的。元组使用小括号，列表使用方括号。它们之间的差异性我们用一个例子来说明一下。

列表：

```
>>>find_files("*.txt")
["file1.txt", "file2.txt", "file3.txt", "file4.txt"]
```

元组：

```
>>> student=(1, "王华","2009-05-06", 10, 133.6)
>>> print(student[1])  #输出 王华
```

从上面的比较例子可以看出，列表一般用于不确定个数的数据的集合中，例如上面，并不知道能找到多少个 txt 文件，所以用列表来表示，而元组一般用于描述一个事物的特性，例如上面的例子，描述了一名学生的学号、姓名、出生年月、年龄和身高，下面我们具体来学习元组这种数据类型的创建、访问、修改、删除、索引和切片截取。

1. 元组创建

元组创建很简单，只需要在小括号中添加元素，并使用逗号隔开即可，例如：

```
>>>student= (1, "王华", "2009-05-06", 10, 133.6)
```

可以创建一个空的元组，例如，>>>student= ()。元组只包含一个元素时，一定要在后面加上逗号，否则括号会被当作运算符使用，例如，>>> student = (50,)。

2. 访问元组

元组可以使用方括号加下标索引来访问元组中的值，例如，print(student**[1]**)，其中 1 是指元组 student 集合中的第 1 位元素值，即在元组中第 2 个元素，因为元组中的元素位置也是从 0 开始计算。

3. 修改元组

元组中的元素值是不允许修改的，但我们可以对元组进行连接组合，例如：

```
>>> tup1 = (12, 34.56)
>>> tup2 = ('abc', 'xyz')
>>> tup3 = tup1 + tup2
>>> print (tup3)
```

从上例中可以看出，元组可以连接变成新的元组，换句话说，元组是可以运算的。还有一种情况，元组中的元素值是不允许删除的，但我们可以使用 del 语句来删除整个元组，例如：

```
>>>tup1 = (12, 34.56)
>>>del tup1
```

4. 元组运算符

与字符串一样，元组之间可以使用"+"号和"*"号进行运算，这就意味着它们可以组合和复制，运算后会生成一个新的元组，如表 4.6 所示。

表 4.6　元组运算符

Python 表达式	描　　述	结　　果
len((1, 2, 3))	计算元组中的元素个数	3
(1,2,3) + (4, 5, 6)	连接两个元组创建新元组	(1, 2, 3, 4, 5, 6)
('Hi!',) * 4	复制元组中的元组	('Hi!', 'Hi!', 'Hi!', 'Hi!')
3 in (1, 2, 3)	判断元素是否存在于指定元组中	True
for x in (1, 2, 3): print (x,)	迭代	123

5. 元组切片截取

因为元组也是一个序列，所以我们可以访问元组中指定位置的元素，也可以截取索引中的一段元素，例如，元组：>>> B=("张三","女","18")，对元组 B 进行切片截取，如表 4.7 所示。

表 4.7　元组切片索引

Python 表达式	描　　述	结　　果
B[2]	读取第三个元素	"18"
B[-2]	反向读取；读取倒数第二个元素	"女"
B[1:]	截取元素，从第二个开始后的所有元素	("女", "18")

6. 元组内置函数

列表与元组之间也可以互相转换，必须通过函数来实现，具体如表 4.8 所示。

表 4.8　元组内置函数表

函　　数	方法及描述	实　　例
len(tuple)	计算元组元素个数	>>>tuple=("张三","女","18") >>> len(tuple) 3

max(tuple)	返回元组中元素最大值	>>> tuple=("张三","女","18")
		>>> max(tuple)
		'张三'

min(tuple)	返回元组中元素最小值	>>> tuple=("张三","女","18")
		>>> min(tuple)
		'18'

tuple(seq)	将列表转换为元组	>>> C=["张三","女","18"]
		>>> tuple(list(c))
		('张三', '女', '18')

续表

函数	方法及描述	实例

list(tuple)	将元组转换成为列表	>>> a=((1, 2, 3), (4, 5, 6), (7, 8, 9))
		>>> b=list(a)
		>>> print(b)
		[(1, 2, 3), (4, 5, 6), (7, 8, 9)]

7. 元组与列表、字符串相互转换

（1）元组与列表可以相互转换，Python 内置的 tuple(list())函数接受一个列表，可返回一个包含相同元素的元组，而 list()函数接受一个元组并返回一个列表。从二者性质上看，tuple()相当于冻结一个列表，而 list()相当于解冻一个元组。

（2）字符串与列表转换，使用 list(字符串或变量名)即可。反之，列表转换成字符串，使用 str(列表名)，例如：

```
>>> a="abcedef"
>>> list(a)
['a', 'b', 'c', 'e', 'd', 'e', 'f']
>>> str(a)
'abcedef'
```

8. 元组遍历方式

元组一旦创建，元素不可变，遍历同 List 一样。遍历方式有如下几种方法。

第一种方法：采用 for in 和 everyone 参数来实现已创建好的元组。例如：

```
>>> student_tuple = ("小明", "小龙", "张明", "李亮", "大个子")
>>> for everyOne in student_tuple:
    print(everyOne)
```

运行结果：

小明
小龙
张明
李亮
大个子

第二种方法：使用内置函数 enumerate 实现遍历，同样也要用到 for in 循环结构。例如：

```
student_tuple = ("小明", "小龙", "张明", "李亮", "大个子")
for index, everyOne in enumerate(student_tuple):
print(str(index) + everyOne)
```

第三种方法：使用 range()或者 xrange()这两个内置函数，会把传入的数字分解成一个 List，如 range(5)，分解成列表[0,1,2,3,4]。例如：

```
student_tuple = ("小明", "小龙", "张明", "李亮", "大个子")
for index in range(len(student_tuple)):
    print(student_tuple[index])
```

第四种方法：使用 iter()，同样是内置函数，返回迭代器。例如：

```
student_tuple = ("小明", "小龙", "张明", "李亮", "大个子")
```

```
for everyOne in iter(student_tuple):
    print(everyOne)
```

课堂任务

1. 学会元组创建方法。
2. 掌握对元组的访问、修改、删除、索引、切片截取方法。
3. 掌握元组与列表互相转换方法及内置函数的应用。
4. 掌握元组遍历方式。

探究活动

任务 1

启动 Python 自带的 IDLE 编辑器，上机操作练习知识链接中所述的例题。掌握元组创建、访问、索引、切片截取方法。

任务 2

使用元组编写一组程序，要求可以循环录入学生信息（姓名、语文、数学、英语），录入完成后按元组方式一并打印输出。

第一步：使用列表输入学生信息。因为元组创建之后不能改变，但可以使用列表与元组转换实现，程序代码如下。

```
student_tuple = ("小明","小龙","张明","李亮","大个子")
a=[]
for i in range(3):
    a.append([])     #产生学生
    for j in range(4):
        if (j==0):
            a[i].append(input("请输入学生姓名："))
        else:
            a[i].append(input("请输入学生第%s科成绩："%j))
print(tuple(list(a)))
```

第二步：运行结果如图 4.19 所示，观察结果形式。列表转换成元组之后，输出结果与原列表表示方式上有什么不同。

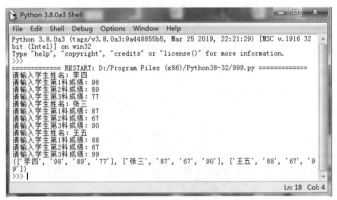

图 4.19 运行结果

课堂练习

创建一个字符串 abcdefg，然后转换成列表，再转换成元组。再创建一个列表["王明", "是", "一个", "学生"]，把这个列表转换字符串和元组表示。

4.6 字　　典

知识链接

什么是字典？字典是 Python 提供的一种常用数据结构，它用于存放具有映射关系的数据。例如，有一份学生成绩表数据，语文：79，数学：80，英语：92，这组数据看上去像两个列表，但这两个列表的元素之间有一定的关联关系，存放这种关联关系的数据库称之为字典。如果单纯使用两个列表来保存这组数据，则无法记录两组数据之间的关联关系。为了保存具有映射关系的数据，Python 提供了字典，字典相当于保存了两组数据，其中一组数据是关键数据，被称为 key；另一组数据可通过 key 来访问，被称为 value。形象地看，字典中 key 和 value 的关联关系如图 4.20 所示。

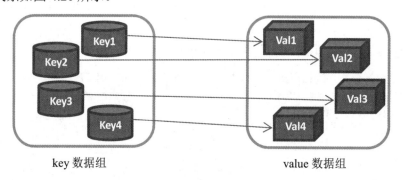

图 4.20　字典保存的关联数据

由于字典中的 key 是非常关键的数据，而且程序需要通过 key 来访问 value，因此字典中的 key 不允许重复。

1. 字典的创建

程序既可使用花括号语法来创建字典，也可使用 dict()函数来创建字典。实际上，dict 是一种类型，它就是 Python 中的字典类型。在使用花括号语法创建字典时，花括号中应包含多个 key-value 对，key 与 value 之间用英文冒号隔开；多个 key-value 对之间用英文逗号隔开。

方法一：使用花括号创建字典。

```
scores = {'语文': 89, '数学': 92, '英语': 93}
print(scores)
empty_dict = {}    #空的花括号代表空的 dict
print(empty_dict)
```

方法二：使用元组作为 dict 的 key。

```
dict2 = {(20, 30):'good', 30:'bad'}
print(dict2)
```

2. 字典的基本操作

对于初学者而言，应牢记字典包含多个 key-value 对，而 key 是字典的关键数据，因此程序对字典的操作都是基于 key 的。基本操作如表 4.9 所示。

表 4.9 Python 字典基本操作

操作方法	描述	实例

访问字典 scores	通过 key 访问 value	>>> scores = {'语文': 89}
		>>> print(scores['语文'])
		89

添加字典	如果要为 dict 添加 key-value 对，只需为不存在的 key 赋值即可	>>> scores['数学'] = 93
		>>> scores[92] = 5.7
		>>> print(scores)
		{'语文': 89, '数学': 93, 92: 5.7}

删除字典	如果要删除字典中的 key-value 对，则可使用 del 语句	>>> del scores['语文']
		>>> del scores['数学']
		>>> print(scores)
		{92: 5.7}

判断	判断 key-value 对是否存在	>>> print('AUDI' in cars) # True
		True
		>>> print('PORSCHE' in cars)
		False

覆盖	如果对 dict 中存在的 key-value 对赋值，新赋的 value 就会覆盖原有的 value，这样即可改变 dict 中的 key-value 对	>>> cars = {'BMW': 8.5, 'BENS': 8.3, 'AUDI': 7.9}
		>>> cars['BENS'] = 4.3
		>>> cars['AUDI'] = 3.8
		>>> print(cars)
		{'BMW': 8.5, 'BENS': 4.3, 'AUDI': 3.8}

3. Python 字典的常用方法

字典由 dict 类代表，因此，我们同样可使用 dir(dict)来查看该类包含哪些方法。经查，Python 常用方法有：'clear', 'copy', 'fromkeys', 'get', 'items', 'keys', 'pop', 'popitem', 'setdefault', 'update', 'values'。具体使用方法如表 4.10 所示。

表 4.10 字典常用方法汇总表

函数	描述	实例

clear()	用于清空字典中所有的 key-value 对，对一个字典执行 clear()方法之后，该字典就会变成一个空字典	>>> cars = {'BMW': 8.5, 'BENS': 8.3, 'AUDI': 7.9}
		>>> cars.clear()
		>>> print(cars)
		{}

get()	根据 key 来获取 value，它相当于方括号语法的增强版，当使用方括号语法访问并不存在的 key 时，字典会引发 KeyError 错误；但如果使用 get()方法访问不存在的 key，该方法会简单地返回 None，不会导致错误	>>> cars = {'BMW': 8.5, 'BENS': 8.3, 'AUDI': 7.9}
		>>> print(cars.get('BMW'))
		8.5

函 数	描 述	实 例

update()	使用一个字典所包含的 key-value 对来更新已有的字典。在执行 update() 方法时，如果被更新的字典中已包含对应的 key-value 对，那么原 value 会被覆盖；如果被更新的字典中不包含对应的 key-value 对，则该 key-value 对被添加进去	>>> cars = {'BMW': 8.5, 'BENS': 8.3, 'AUDI': 7.9}
		>>> cars.update({'BMW':4.5, 'PORSCHE': 9.3})
		>>> print(cars)
		{'BMW': 4.5, 'BENS': 8.3, 'AUDI': 7.9, 'PORSCHE': 9.3}

items()
keys()
values()
	tems()、keys()、values() 分别用于获取字典中的所有 key-value 对、所有 key、所有 value	>>> cars = {'BMW': 8.5, 'BENS': 8.3, 'AUDI': 7.9}
		>>> print(type(cars.items()))
		<class 'dict_items'>
		>>> print(type(cars.keys()))
		<class 'dict_keys'>
		>>> print(type(cars.values()))
		<class 'dict_values'>

pop	用于获取指定 key 对应的 value，并删除这个 key-value 对	>>> cars = {'BMW': 8.5, 'BENS': 8.3, 'AUDI': 7.9}
		>>> print(cars.pop('AUDI')) 9
		7.9

popitem()	用于随机弹出字典中的一个 key-value 对	>>> cars = {'AUDI': 7.9, 'BENS': 8.3, 'BMW': 8.5}
		>>> print(cars.popitem())
		('BMW', 8.5)

setdefault()	用于根据 key 来获取对应 value 的值。但该方法有一个额外的功能，即当程序要获取的 key 在字典中不存在时，该方法会先为这个不存在的 key 设置一个默认的 value，然后再返回该 key 对应的 value	>>> cars = {'BMW': 8.5, 'BENS': 8.3, 'AUDI': 7.9}
		>>> print(cars.setdefault('PORSCHE', 9.2))
		9.2

fromkeys()	使用给定的多个 key 创建字典，这些 key 对应的 value 默认都是 None；也可以额外传入一个参数作为默认的 value	>>> a_dict = dict.fromkeys(['a', 'b'])
		>>> b_dict = dict.fromkeys((13, 17))
		>>> print(b_dict)
		{13: None, 17: None}

字典格式化字符串	字符串模板中按 key 指定变量，然后通过字典为字符串模板中的 key 设置值	>>> temp = '教程是:%(name)s，价格是:%(price) 010.2f，出版社是:%(publish)s'
		>>> book = {'name':'Python 基础教程', 'price': 99, 'publish': 'C 语言中文网'}
		>>> print(temp % book)
		教程是:Python 基础教程，价格是:0000099.00，出版社是:C 语言中文网

4. Python 字典遍历

开发中经常会用到对于字典、列表等数据的循环遍历，但是 Python 中对于字典的遍历对于很多初学者来讲非常陌生。

下面介绍几种常见的 Python 字典的遍历方法，如表 4.11 所示。

表 4.11 Python 字典的遍历方法

遍历方法	格式	实例

key 值	key in 字典名称	>>> a={'a': '2', 'b': '3', 'c': '4'}
		>>> for key in a:#换成这个形式 for key in a.keys():
		    print(key+':'+a[key])
		a:2
		b:3
		c:4

value 值	value in 字典名称.values()	>>> a={'i': '2', 'j': '3', 'k': '4'}
		>>> for value in a.values():
		    print(value)
		2
		3
		4

字典项	kv in 字典名.items()	>>> a={'i': '2', 'j': '3', 'k': '4'}
		>>> for kv in a.items():
		    print(kv)
		('i', '2')
		('j', '3')
		('k', '4')

字典健值	Key, value in 字典名.items()	>>> a={'i': '2', 'j': '3', 'k': '4'}
		>>> for key, value in a.items():
		    print(key+":"+value)
		i:2
		j:3
		k:4

课堂任务

1．掌握字典的概念及其创建方法。
2．学会字典的添加、删除、判断、访问等操作方法。
3．掌握字典常用方法。
4．Python 字典遍历。

探究活动

任务 1

启动 Python 自带的 IDLE 编辑器，上机操作练习知识链接中所述的案例及表格里的实例。掌握 Python 字典创建、添加、删除、判断、访问、遍历等操作方法及其常规使用方法。

任务 2

编程求一个 3*3 矩阵主对角线元素之和。要求：用元组字典方法编写程序。

第一步：启动 Python 自带的 IDLE 编辑器，创建空字典 C，然后使用双重循环从键盘录入字典 C，再把这个字典转换成列表，利用列表求和函数 sum()求出结果。

```
C = {}
for i in range(3):
    for j in range(3):
        C[I, j] = int(input('请输入矩阵数值:'))
diag = []
for m in C.keys():
    if m[0] == m[1]:
        diag.append(C[m])
print(sum(diag))
```

第二步：测试程序，运行结果如图 4.21 所示。

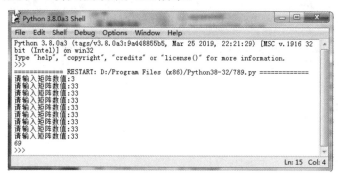

图 4.21　运行结果

第三步：想一想，如果不用列表，只要 Python 字典，能求出 3*3 矩阵主对角线元素之和吗？如果不能使用列表求和，你还能使用其他办法编程实现求出 3*3 矩阵主对角线元素之和吗？

课堂练习

1. 认真阅读以下程序代码。

```
name_to_type = { 'pants':['cloth'],
'sedan_':['vehical'],
'apple':['fruit']}
```

填写表 4.12，回答每一个表达式是否会产生错误或异常，并回答每一个表达式是否会改变字典的长度。

表 4.12　判断表达式的情况

表　达　式	是否有错误	是否改变长度
name_to_type['banana'] = ['fruit', 'food']		
name_to_type['orange'].append('fruit')		
name_to_type['apple'].append('food')		
name_to_type['sedan'] = ['car']		
name_to_type['SUV'] = name_to_type['sedan']		

2. 认真阅读以下程序代码。

```
name_to_type = {'pants':'cloth',
'sedan':'vehical' ,
'apple':'fruit'}
```

下面哪个（哪些）表达式会返回 True？

A．'sedan' in name_to_type

B．'vehical' in name_to_type

C．name_to_type[0] == 'pants'

D．len(name_to_type) == 3

E．name_to_type == { 'sedan':'vehical', 'pants':'cloth', 'apple':'fruit'}

思维拓展

1．给定了一个列表 li= [11, 22, 33, 44, 55, 66, 77, 88, 99, 90]，请将所有大于 66 的值保存至字典的第一个 key 的值中，将小于 66 的值保存至第二个 key 的值中，即：

['k1':大于 66 的所有值列表，'k2':小于 66 的所有值列表]

参考程序代码如下。

```
li= [11, 22, 33, 44, 55, 66, 77, 88, 99, 90]
dic = {}
#大于66的所有值列表
li_more = []
#小于66的所有值列表
li_less = []
for i in li:
    if i == 66:
        continue
    elif i>66:
        li_more.append(i)
    else:
        li_less.append(i)
dic['k1'] = li_more
dic['k2'] = li_less
print(dic['k1'])
print()
print(dic['k2'])
```

请测试以上程序代码，记得这是 Python 3.8 版本，测试完之后，想一想，除了这个方法之外，还可以怎样编程实现上述功能？

2．请设计一套商品查询系统，输出商品列表，例如：

```
li = ["手机", "电脑", '鼠标垫', '游艇']
```

当用户输入序号时，系统会显示用户选中的商品。

要求：

（1）页面显示序号+商品名称。

（2）提示用户输入商品序号，然后打印商品名称。

（3）如果用户输入的商品序号有误，则提示输入有误，并要求重新输入。

（4）用户输入 Q 或者 q，退出程序。

参考程序代码如图 4.22 所示，运行结果如图 4.23 所示。

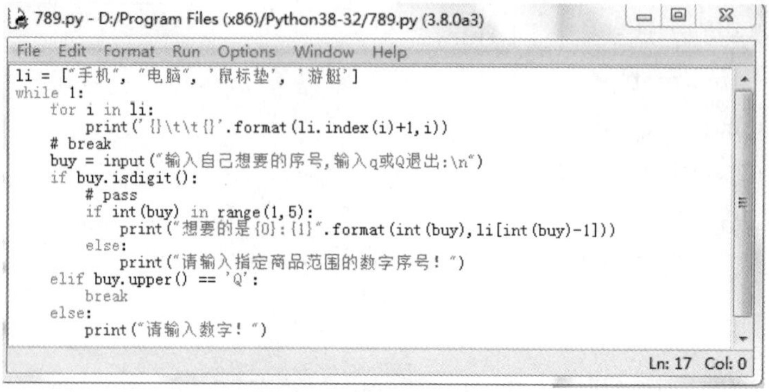
789.py - D:/Program Files (x86)/Python38-32/789.py (3.8.0a3)
File Edit Format Run Options Window Help
li = ["手机", "电脑", '鼠标垫', '游艇']
while 1:
    for i in li:
        print('{}\t\t{}'.format(li.index(i)+1, i))
    # break
    buy = input("输入自己想要的序号,输入q或Q退出:\n")
    if buy.isdigit():
        # pass
        if int(buy) in range(1,5):
            print("想要的是{0}:{1}".format(int(buy), li[int(buy)-1]))
        else:
            print("请输入指定商品范围的数字序号!")
    elif buy.upper() == 'Q':
        break
    else:
        print("请输入数字!")
Ln: 17 Col: 0

图 4.22　参考程序代码

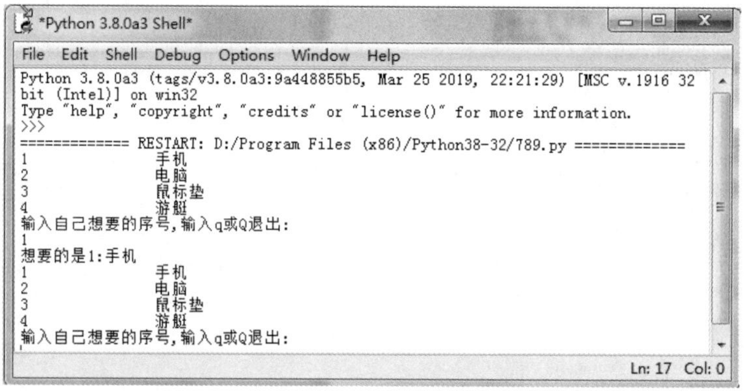
Python 3.8.0a3 Shell
File Edit Shell Debug Options Window Help
Python 3.8.0a3 (tags/v3.8.0a3:9a448855b5, Mar 25 2019, 22:21:29) [MSC v.1916 32 bit (Intel)] on win32
Type "help", "copyright", "credits" or "license()" for more information.
>>>
============= RESTART: D:/Program Files (x86)/Python38-32/789.py =============
1 手机
2 电脑
3 鼠标垫
4 游艇
输入自己想要的序号,输入q或Q退出:
1
想要的是1:手机
1 手机
2 电脑
3 鼠标垫
4 游艇
输入自己想要的序号,输入q或Q退出:
Ln: 17 Col: 0

图 4.23　运行结果

4.7　集　　合

知识链接

在数学中，某些指定的对象集在一起就成为一个集合，其中每一个对象叫元素。在 Python 中，集合是由可变和无序的元素组成的数据集，例如，集合的格式：集合名 = {元素 1, 元素 2, …}。它有可变集合（set()）和不可变集合（frozenset）两种。元组算是列表和字符串的某些特征的杂合，那么集合则可以算是列表和字典的某些特征的杂合。

1. 创建集合

一种方法是使用 set 函数把已知的字符串中的字符拆开，形成集合，例如：>>> s=set("abcdef")；另一种方法是直接使用花括号把字符或数值型数字括起来产生一个新集合赋值给集合变量，例如：>>> s2={"python", 123}。

2. 集合的操作

集合的添加、删除、交集、并集、差集的操作都是非常实用的方法，具体操作方法如表 4.13 所示。

表 4.13 集合操作方法汇总表

函　数	集　合　操　作	实　　例

集合.add(元素)	增加的是元素	>>> a={"zhang", "li"}
		>>> a.add("huang")
		>>> a
		{'huang', 'zhang', 'li'}

集合.update(被合并的集合名)	合并集合	>>> s2={"python", 123}
		>>> s={'b', 'c', 'a', 'f', 'e', 'd'}
		>>> s.update(s2)
		>>> s
		{'b', 'c', 'a', 'f', 'python', 'e', 123, 'd'}

pop(删除集合中任意元素)	删除集合任意元素（不能删除指定元素）	>>> s={'c', 'a', 'f', 'python', 'e', 123, 'd'}
		>>> s.pop()
		'c'

remove(删除集合中指定元素)	删除集合中指定元素，有报错信息	>>> s={'c', 46, 'a', 'python', 'e', 123, 'd'}
		>>> s.remove("c")
		>>> s
		{46, 'a', 'python', 'e', 123, 'd'}

discard(删除集合中指定元素)	删除集合中指定元素，无报错信息	>>> s={'c', 46, 'a', 'f', 'python', 'e', 123, 'd'}
		>>> s.discard("f")
		>>> s
		{'c', 46, 'a', 'python', 'e', 123, 'd'}

clear()	删除集合中的所有元素	>>> s={46, 'a', 'python', 'e', 123, 'd'}
		>>> s.clear()
		>>> s
		set()

uniom()	两个集合的并集，结果是两个集合连在一起删除重复的元素	>>> nums1 ={1, 2, 3, 4, 5, 6}
		>>> nums2 ={1, 2, 3, 4, 5, 10, 7, 8, 9}
		>>> b = nums1.union(nums2)
		>>> print(b)
		{1, 2, 3, 4, 5, 6, 7, 8, 9, 10}

difference(nums1)	两个集合的差集，结果是主集合元素中对方没有的元素	>>> nums1 ={1, 2, 3, 4, 5, 6}
		>>> nums2 ={1, 2, 3, 4, 5, 10, 7, 8, 9}
		>>> b2 = nums2.difference(nums1)
		>>> print(b2)
		{8, 9, 10, 7}

对称差集(^)	两个集合对称的差集，结果是包含两个集合中对方没有的元素	>>> nums1 ={1, 2, 3, 4, 5, 6}
		>>> nums2 ={1, 2, 3, 4, 5, 10, 7, 8, 9}
		>>> a1 = nums1^nums2
		>>> print(a1)
		{6, 7, 8, 9, 10}

3. set 集合的遍历

set 集合是无序的,不能通过索引和切片来做一些操作。Python 集合的遍历与列表的遍历是类似的。例如:

```
dict={"a":"apple", "b":"banana", "o":"orange"}
print("##########dict####################")
for i in dict:
    print ("dict[%s]=" % i, dict[i])
```

4. Python 集合操作符号

学习完集合的交集、合集(并集)、差集之后,让我们再了解集合的操作符号,如表 4.14 所示。

表 4.14 集合操作符号

Python 集合操作符号	含 义
-	差集,相对补集
&	交集
I	合集、并集
!=	不等于
==	等于
in	成员关系
Not in	不是成员关系

课堂任务

1. 理解集合的概念及其特点。
2. 掌握 Python 集合的增加、删除、修改等操作方法。
3. 掌握 Python 集合的并集、差集及对称差集的应用。

探究活动

任务 1

启动 Python 自带的 IDLE 编辑器,上机操作练习知识链接中所述的案例及表格里的实例。掌握 Python 集合的创建、添加、删除、并集、差集、遍历等操作方法及其常规使用方法。

任务 2

Python 实现列表去重的体验案例。去重方法先通过集合去重,再转列表,例如:

列表 a=["a", "b", 1, 2, 3], b=["a", "b", 4, 3, 5, 6]

第一步:启动 Python 自带的 IDLE 编辑器,进入编辑器,创建列表 a,然后用 set 转换成为集合,再由集合 uninom()函数删除两个集合中重复字符之后,再换成列表。为什么要这样做?因为列表没有筛选重复的功能,只有集合才有这个功能。程序代码如下:

```
a=['a', 'b', '1', '2', '3']
b=['a', 'b', '4', '3', '5', '6']
a=set(a)
```

```
b=set(b)
c=a.union(b)
a=list(c)
print(a)
```

第二步：运行之后，显示结果是：['5', 'a', '2', '6', 'b', '1', '3', '4']，观察结果。所列的结果是不是已经把两个列表重复部分删除了。

第三步：想一想，如果我们要找出两个列表重复元素，又如何改变程序？

课堂练习

1. 填空题

（1）表达式 set([1, 2, 3]) == {1, 2, 3}的值为_____。
（2）表达式 set([1, 2, 2,3]) == {1, 2, 3}的值为_____。
（3）{1, 2, 3} & {3, 4, 5}的值为_____。
（4）表达式{1, 2, 3} & {2, 3, 4}的值为_____。
（5）表达式{1, 2, 3} - {3, 4, 5}的值为_____。
（6）表达式{1, 2, 3} < {3, 4, 5}的值为_____。
（7）表达式{1, 2, 3} < {1, 2, 4}的值为_____。
（8）表达式'%s'%[1,2,3]的值为_____。

2. 判断题

（1）Python 集合中的元素不允许重复。
（2）Python 集合可以包含相同的元素。
（3）Python 集合中的元素可以是元组。
（4）Python 集合中的元素可以是列表。
（5）已知 A 和 B 是两个集合，并且表达式 A<B 的值为 False，那么表达式 A>B 的值一定为 True。
（6）Python 字典和集合属于无序序列。
（7）无法删除集合中指定位置的元素，只能删除特定值的元素。
（8）Python 字典和集合支持双向索引。
（9）集合可以作为列表的元素。
（10）集合可以作为元组的元素。
（11）集合可以作为字典的键。
（12）集合可以作为字典的值。
（13）Python 集合支持双向索引。

思维拓展

编写程序实现：将字符串 a="aajjdefgldjlajfdljfddd"去掉重复的字符，并从小到大排序输出"adefgjl"，采用集合 set 去重方法，去重转成 list，利用 sort 体例排序。

提示：reeverse=False 是从小到大排序的参数，list 是不变数据类型。

参考程序代码如下。

```
a="aajjdefgldjlajfdljfddd"
a=set(a)
a=list(a)
a.sort(reverse=False)
res="".join(a)
print(res)
```

4.8 自定义函数

知识链接

函数能提高应用的模块性和代码的重复利用率。Python 提供了许多内建函数，如 print() 等，也可以创建用户自定义函数。

1. 自定义函数定义的简单规则

函数代码块以 def 关键词开头，后接函数标识符名称和圆括号()，任何传入参数和自变量必须放在圆括号中间；函数内容以冒号起始，并且缩进。若有返回值，return[expression] 结束函数；不带 return 表达式相当于返回 None。函数通常使用 3 个单引号（" " "）来注释说明函数；函数体内容不可为空，可用 pass 来表示空语句。

Python 定义函数使用 def 关键字，一般格式如下。

```
def 函数名(参数列表):
    函数体
return 返回值
```

例如：

```
def func(a, b):                    #需传两个参数
    print("a+b=%d"%(a+b))          #print 表达式，无 return
```

如果要调用自定义的 func() 函数，直接把 a 和 b 的值代入即可，如 func(3, 4)，运行结果是 3+4=7。该示例没有要求函数返回值，如果需要返回值的话，要加 return(a+b)。例如：

```
def func(a, b):                    #需传两个参数
    return(a+b)
```

2. 自定义函数的调用方法

定义一个函数时必须给定自定义函数一个名称，并指定函数里包含的参数和代码块结构，这个函数的基本结构就基本完成。此时，你就可以通过另一个函数调用你刚才自定义的函数执行，也可以直接从 Python 提示符执行。例如，要调用示例中定义的函数，直接使用 func(3, 4) 调用。这类调用叫带参数的函数调用，也有不带参数的函数调用，如 func()。

3. 自定义函数的参数

在定义函数时，函数名后面的()里面叫作参数列表，这个参数列表里的参数，都是要在下面的代码块中要使用的。具体参数设置方法如表 4.15 所示。

表 4.15 自定义函数的参数

参 数	描 述	实 例
形式参数	指在定义函数时，参数列表里写出的参数	如 y = 3x 里的 x 只是一个形式，没有具体的值
实际参数	指在调用参数时，函数名后面的括号内给出具体的值，每个值都会与某一个形式参数对应	如 y = 3x，假设 x=3，这个 3 就是实际参数

传递参数	把实际参数和形式参数连接起来	函数：
		def BOY(height, weight):
		    index = "%.2f" % (weight / (height**2))
		    return index
		调用：
		位置传参：BOY(1.71, 65) #返回值为'22.23'
		关键词传参：BOY(weight=65, height=1.71)
		混合传参：BOY(1.71, weight=65)

可变参数	如有这样一个需求，要输入若干个数字，然后求出这若干个数字中的最大值和最小值。不知道数字的个数，不能设置形式参数个数。此时使用可变参数	函数：def test(x=1, **nums): print(x, nums) 调用：>>> test(c=3, x=2, a=1, b=2) 结果：2 {'c': 3, 'a': 1, 'b': 2}

默认参数	在定义函数时，给形式参数设置一个默认值	函数：
		def BOY(height=1.80, weight=75):
		    index = "%.2f" % (weight / (height**2))
		    return index
		调用：BOY(1.9) 结果：'20.78'

keyword-only 参数	在定义参数时，放在*args（位置参数的可变参数）和**kwargs（关键字参数的可变参数）之间，就代表这个参数是 keyword-only 参数	函数：def test(*words, x): print(words, x) 调用：test(1, 2, 3, x=4)或 test(1, 2, 3, 4)两种调用方法前者没有报错，但后者 test(1, 2, 3, 4)出错了，因为这 4 个都是位置传参，都被*word 截获了，x 没有值

参数列表顺序	定义函数时，参数列表里的每一个参数（可变参数除外，因为可变参数可以收集到 0 个实际参数）都要有值可以使用	函数：
		def test(a, b, c, d=5, *nums, x='X', y='Y', **ddict):
		    print(a, b, c, d)
		    print(nums)
		    print(x, y)
		调用：test(97, 98, 99, 100, x='XX', y='YY', name='Tom', age=10)

实际参数解构	定义参数时，有很多形参。但是实际参数，都存在一个 list 或者说别的数据结构中，一个个拿出来很麻烦	函数：def test(*nums): print(nums) 调用：>>> test(*{'a':1, 'b':2, 'c':3}) 结果：('a', 'b', 'c')，#打印的是 key，字典解构是 key 的集合

4. 函数返回值

在 Python 的内置函数中，有些也有返回值，如 input()、sorted()等，它们都可以用一个标识符变量来接收。但是，也有很多没有返回值的，如 print()、list.append()等方法，它们都没有返回值的。例如：

```
def test(x=5):
    a = x ** 2
    return a
>>> b=test()
25
```

从上面的例子可以证实，return 语句后面的值可以作为这个函数的返回值。这个值可以是一个变量，也可以是一个表达式，还可以写多个用逗号隔开的值，不过最后会被封装成一个元组返回。

自定义函数中，可以有多条 return 语句，在定义时不会报错，但是这些 return 语句只有一条会被执行，执行完这个 return 语句，函数就结束。

在程序编写过程中，也有这样的情况。程序中不一定要有 return 语句，如果写了 return 语句，return 后面的值会作为返回值输出，但是如果不写 return 语句，或者只写了一个 return，后面没有值，就说明这个函数没有返回值（其实是隐式调用了 return = None）。

5. 函数的作用域

在自定义函数时，就涉及一个问题，在函数内部定义的变量，在函数之外能不能使用？先介绍一个定义，作用域：一个标识符的可见范围就是这个标识符的作用域，也叫作变量的作用域（即是变量的作用范围）。例如：

```
a = 5
def test():
    b = 10
 print(a, b)
 return b
```

这里，a 的作用域是整个程序，在整个函数中随时可以调用它。因为变量 a 是在最外部，所以函数的内部，不管多少层嵌套函数，都可以使用变量 a。这种变量 a 叫作全局变量，它的作用域是全局，全局作用域就是在整个程序的运行环境中都可见。

再看 b，在函数内部定义的变量，在全局中是不可见的，它只能在这个函数的内部使用，所以最后在全局中 print(b)的话会报错，说明这个 b 没有被定义过。实际参数的作用域也只在函数的内部，因为形参是在函数的内部，给形参传参之后，它还是在函数的内部。这个 b 就叫作局部变量，它只作用于当前的函数或者类，局部变量的作用范围不能超过当前的局部作用域。

6. 销毁函数

方法有两种：第一种是重新定义同样函数名的函数；第二种方法是用 del 命令。具体操作如下。

```
>>> b=test()
>>> b
25
>>> del b
>>> b
Traceback (most recent call last):
  File "<pyshell#5>", line 1, in <module>
    b
NameError: name 'b' is not defined
>>>
```

课堂任务

1. 掌握自定义函数概念及其标准格式。
2. 学生编写自定义函数。
3. 掌握自定义函数使用方法。

探究活动

任务 1

启动 Python 自带的 IDLE 编辑器，上机操作练习知识链接中所述的案例及表格里的实例。

任务 2

编写一个自定义函数判定一名学生的成绩是及格还是不及格。

第一步：启动 Python 自带的 IDLE 编辑器，打开编辑器，想想自定义函数的标准格式，我们给函数一个名称，然后要用函数体，记得看要求是否要返回值，然后我们进行代码编写，参考程序代码如下。

```
def jj_score(score):
    jj = None
    if score >= 60:
        jj = True
        print('Pass')
    else: #虽然成绩应该在 0~100，但此处没有限定范围
        jj = False
        print('Fail')
    return jj
```

这段代码很简单，但是也不能每次要判断一次成绩，就敲出这么一大串，所以为了便捷，就给这段代码用 def(define，定义)封装成一个函数，给定了一个名称为 jj_score(score)，后面调用就可以用 jj_score(参数)函数。

第二步：在 Python 系统提示符下直接调用 jj_score 函数，如>>>jj_score(98) 。运行结果如图 4.24 所示。

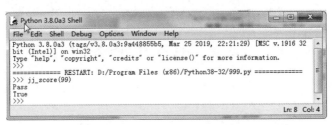

图 4.24 函数调用 jj_score(99)运行结果

从调用 jj_score(99)函数运行结果来看，其中 pass 和 True 两个值是函数体中的 print 输出结果，并非是 return 返回值。如何使用 return 呢？其实 return 后面可以做运算，也可以直接写变量。如果这个函数的语句块内没有写 return 语句，那么说明没有定义返回值，也就是说，调用函数什么都没有返回，如果拿一个标识符来接受这个函数的返回值，只能接受到 None。另外，return 后面的返回值可以是多个，用逗号","隔开，然后封装成一个元组再返回。

第三步：想一想，哪种情况下可以编写自定义函数来解决实际问题？

课堂练习

1. 填空题

（1）Python 中定义函数的关键字是_____。
（2）在函数内部可以通过关键字_____来定义全局变量。
（3）如果函数中没有 return 语句或者 return 语句不带任何返回值，那么该函数的返回值为_____。
（4）已知有函数定义 def demo(*p):return sum(p)，那么表达式 demo(1,2,3)的值为_____，表达式 demo(1, 2, 3, 4)的值为_____。
（5）已知函数定义 def func(*p):return sum(p)，那么表达式 func(1, 2, 3)的值为_____。
（6）已知函数定义 def func(**p):return join(sorted(p))，那么表达式 func(x=1, y=2, z=3)的值为_____。

2. 判断题

（1）定义函数时，即使该函数不需要接收任何参数，也必须保留一对空的圆括号来表示这是一个函数。
（2）编写函数时，一般建议先对参数进行合法性检查，然后再编写正常的功能代码。
（3）定义 Python 函数时，必须指定函数返回值类型。
（4）定义 Python 函数时，如果函数中没有 return 语句，则默认返回空值 None。
（5）如果在函数中有语句 return 3，那么该函数一定会返回整数 3。
（6）函数中必须包含 return 语句。
（7）函数中的 return 语句一定能够得到执行。

思维拓展

1. 使用 Python 自定义函数编写程序实现求两个数最大公约数、最小公倍数。
2. 使用自定义函数，设计一个函数，统计任意一串字符串中数字字符的个数。
3. 使用自定义函数，统计任意一串字符串中每个字母的个数，不区分大小写。

4.9 类及其属性

知识链接

在软件编程领域，按照编程方法的不同可以分为面向过程的编程和面向对象的编程。过程容易变化，只能通过函数解决部分功能共享利用的问题；而对象相对稳定，即体现功能的共享，又体现数据的共享，由此产生类（Class）的概念。

1. 什么是类

类（Class）是指把具有相同特性（数据）和行为（函数）的对象抽象为类。Python 中的类（Class）是一个抽象的概念，比函数还要抽象，这也就是 Python 的核心概念。面向对象的编程方法（OOP）有两个重要概念：类（Class）和对象（object，也被称为实例（instance）），其中 Python "类"可以理解成某种概念,对象是一个具体存在的实体。

2. Python 定义类的简单语法

```
class 类名：
        执行语句……
        零个到多个类变量……
        零个到多个方法……
```

类名只要有一个合法的标识符即可,但这仅仅满足的是 Python 的语法要求。如果从程序的可读性方面来看,Python 的类名必须是由一个或多个有意义的单词连缀而成的,每个单词首字母大写,其他字母全部小写,单词与单词之间不要使用任何分隔符。例如,定义一个以 Person 为名的类。

```
class Person :
    hair = 'black'
    def __init__(self, name = 'Charlie', age=8):
        self.name = name
        self.age = age
    #下面定义了一个 say 方法
    def say(self, content):
        print(content)
```

从上面定义来看,Python 的类定义有点像函数定义,都是以冒号（:）作为类体的开始,以统一缩进的部分作为类体的。区别只是函数定义使用 def 关键字,而类定义则使用 class 关键字。

Python 的类定义由类头（指 class 关键字和类名部分）和统一缩进的类体构成,在类体中最主要的两个成员就是类变量和方法。如果不为类定义任何类变量和方法,那么这个类就相当于一个空类,如果空类不需要其他可执行语句,则可使用 pass 语句作为占位符。例如,如下类定义是允许的。

```
class Empty:
    Pass
```

3. 什么是类属性

我们把定义在类中的属性称为类属性,该类的所有对象共享类属性,类属性具有继承性,可以为类动态地添加和删除类属性。对象在创建完成后还可以为它添加额外的属性,我们把这部分属性称为对象属性,对象属性仅属于该对象,不具有继承性。类属性和对象属性都会被包含在 dir() 中,而 vars() 是仅包含对象属性。vars() 跟 __dict__ 是等同的。

4. 类属性的使用

类的属性都是存放在字典中,所以对类或实例的属性进行操作实际上就是对字典的操作。例如,下面以求长方体的体积为例说明把实体对象或事件抽象为类的过程,如图 4.25 所示。

其中,属性初始化有以下两种方法。

（1）在 __init__ 里直接初始化值。

（2）传递参数初始化,如图 4.26 所示。

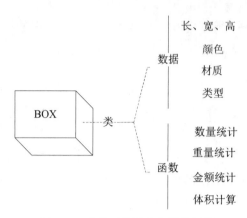

图 4.25　实体对象抽象为类的过程

```
class Box1():           #类名为Box1
    '''求立方体的类'''
    def __init__(self):
        self.length=0
        self.width=0
        self.height=0


    def volume(self):                           #求立方体体积的函数volume
        return self.length*self.width*self.height
my_box1=Box1()                                   #my_box1通过Box1类赋值建立对应的一个实例
my_box1.length=10
my_box1.width=10
my_box1.height=10
print('立方体体积是%d'%(my_box1.volume()))    #通过实例调用volume()求体积，并打印
```

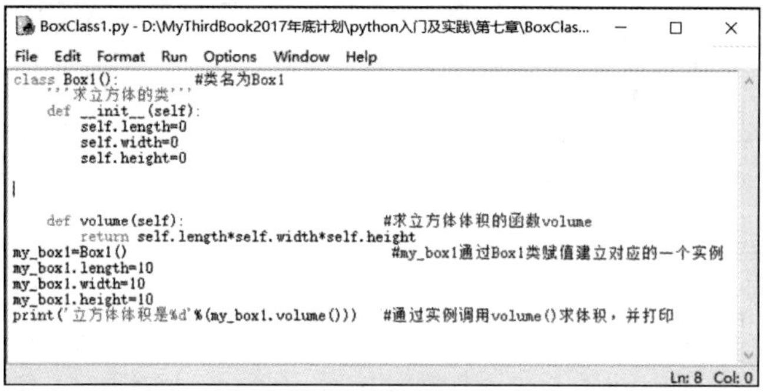

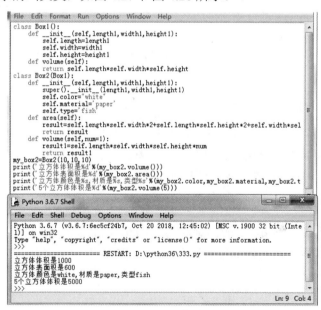

图 4.26　属性初始化

5. 类的继承与重写方法

继承（inheritance）就是在继承原有类功能的基础上，增加新的功能（属性或方法），形成新的子类。被继承的叫父类，如图 4.27 和图 4.28 所示。

```
class Box1():
    def __init__(self,length1,width1,height1):
        self.length=length1
        self.width=width1
        self.height=height1
    def volume(self):
        return self.length*self.width*self.height
class Box2(Box1):
    def __init__(self,length1,width1,height1):
        super().__init__(length1,width1,height1)
        self.color="white"
        self.material='paper'
        self.type='fish'
    def area(self):
        result=self.length*self.width*2+self.length*self.height*2+self.width*sel
        return result
    def volume(self,num=1):
        result1=self.length*self.width*self.height*num
        return result1
my_box2=Box2(10,10,10)
print('立方体体积是%d'%(my_box2.volume()))
print('立方体表面积是%d'%(my_box2.area()))
print('立方体颜色是%s,材质是%s,类型%s'%(my_box2.color,my_box2.material,my_box2.t
print('5个立方体体积是%d'%(my_box2.volume(5)))
```

```
Python 3.6.7 (v3.6.7:6ec5cf24b7, Oct 20 2018, 12:45:02) [MSC v.1900 32 bit (Inte
1)] on win32
Type "help", "copyright", "credits" or "license()" for more information.
>>>
======================= RESTART: D:\python36\333.py =======================
立方体体积是1000
立方体表面积是600
立方体颜色是white,材质是paper,类型fish
5个立方体体积是5000
>>>
```

图 4.27　类的继承与重写方法

图 4.28 定义父类

6. 私有

为了让类定义的变量或函数变成私有（private）的，只要在它的名字前加上双下画线即可，如图 4.29 所示。

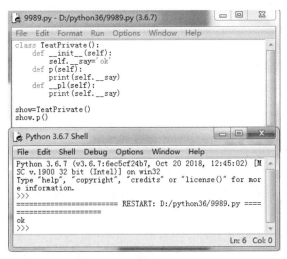

图 4.29 变量或函数的私有

7. 类的分类

若把可以创建实例的类叫作动态类（Dynamic Class），那么还有一种不支持实例的静态类（Static Class），如图 4.30 和图 4.31 所示。

8. 类导入模块的方法

要导入模块中的每个类，可使用下面的语法：from mod import *，不推荐使用这种导入方式。其原因有二：首先，如果只要看一下文件开头的 import 语句，就能清楚地知道程序使用了哪些类，将大有裨益，但这种导入方式没有明确地指出你使用了模块中的哪些类。其次，这种导入方式还可能引发名称方面的困惑。如果你不小心导入了一个与程序文件中其他东西同名的类，将引发难以诊断的错误。

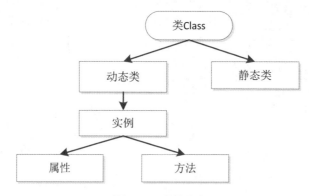

图 4.30 类的分类

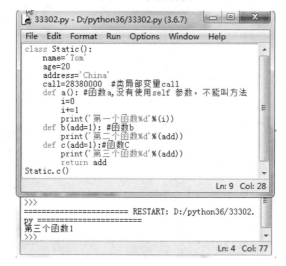

图 4.31 静态类（Static Class）

这里之所以介绍这种导入方式，是因为虽然不推荐使用这种方式，但你可能会在别人编写的代码中见到它。

需要从一个模块中导入很多类时，最好导入整个模块，并使用 module_name.class_name 语法来访问类。这样做时，虽然文件开头并没有列出用到的所有类，但你清楚地知道在程序的哪些地方使用了导入的模块，你还避免了导入模块中的每个类可能引发的名称冲突。

课堂任务

1. 学习类及其属性概念。
2. 学习类的分类。
3. 学习类导入模块方法。

探究活动

任务 1

启动 Python 自带的 IDLE 编辑器，上机操作练习知识链接中所述类的案例及表格里的实例。

任务 2

定义一个类 classA，并编写调用函数。

程序代码如下。

```
class ClassA(object):
    def func_a(self):
        print('Hello Python, 欢迎使用定义类及调用类的方法')
if __name__ == '__main__':
    #使用实例调用实例方法
    ca = ClassA()
    ca.func_a()
    #如果使用类直接调用实例方法,需要显式地将实例作为参数传入
    ClassA.func_a(ca)
```

任务 3

定义一个学生 Student 类。有下面的类属性：姓名 name；年龄 age；成绩 score（语文、数学、英语）[每课成绩的类型为整数]。

第一步：使用类方法。

（1）获取学生的姓名：get_name()，返回类型为 str。

（2）获取学生的年龄：get_age()，返回类型为 int。

（3）返回 3 门科目中最高的分数：get_course()，返回类型为 int。

第二步：设计好类之后，用 xw = Student('xiaowan', 19, [69, 88, 100])测试一下已设计和定义好的类，程序代码如下。

```
class Student():
    #构造函数
    #对当前对象的实例的初始化
    def __init__(self, name, age, score):
        self.name = name
        self.age = age
        self.score = score
    #isinstance 函数判断一个对象是否是一个已知的类型,类似 type
    def get_name(self):
        if isinstance(self.name, str):
            return self.name
    def get_age(self):
        if isinstance(self.age, int):
            return self.age
    def get_course(self):
        a = max(self.score)
        if isinstance(a, int):
            return a
xw= Student('xiaowan', 19, [69, 90, 100])
print(xw.get_name())
print(xw.get_age())
print(xw.get_course())
```

第三步：按 F5 键运行，测试结果，如图 4.32 所示。

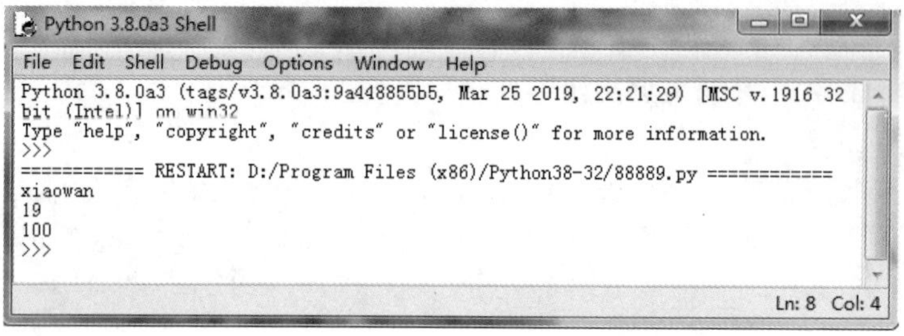

图 4.32　运行结果

课堂练习

定义一个列表的操作类：Listinfo。

包括的方法如下。

（1）列表元素添加。

add_key(keyname)　[keyname:字符串或者整数类型]

（2）列表元素取值。

get_key(num)　[num:整数类型]

（3）列表合并。

update_list(list)　[list:列表类型]

（4）删除并且返回最后一个元素。

del_key()

使用一个实例测试定义好的列表类。例如，a = Listinfo([44,222, 111, 333, 454, 'sss', '333'])，程序代码如下。

```python
class Listinfo():
    def __init__(self, my_list):
        self.listt = my_list
    def add_key(self, keyname):
        if isinstance(keyname, (str, int)):
            self.listt.append(keyname)
            return self.listt
        return "error"
    def get_key(self, num):
        if num >= 0 and num < len(self.listt):
            a = self.listt[num]
            return a
        return "超出取值范围"
    def update_list(self, list1):
        if isinstance(list1, list):
            self.listt.extend(list1)
            return self.listt
        return "类型错误"
    def del_key(self):
        a = self.listt.pop(-1)
```

```
        return a
a = Listinfo([33, 333, 222, 555, 656, 'sss', '333'])   #测试类
print(a.add_key(1))
print(a.get_key(1))
print(a.update_list([1, 2, 3]))
print(a.del_key())
```

思维拓展

定义一个字典类 dictclass,完成下面的功能:dict = dictclass({你需要操作的字典对象});删除某个 key,如 del_dict(key);判断某个键是否在字典里,如果再返回键对应的值,不存在,则返回"not found",如 get_dict(key);返回键组成的列表,返回类型(list),如 get_key();合并字典,并且返回合并后字典的 values 组成的列表,返回类型(list),如 update_dict({要合并的字典})。

提供一个参考代码:

```
class Dictclass():
    #对当前对象的实例的初始化
    def init(self, class1):
        self.classs = class1
    def del_dict(self, key):
        if key in self.classs.keys():
            del self.classs[key]
            return self.classs
        return "不存在这个值,无须删除"
    def get_dict(self, key):
        if key in self.classs.keys():
            return self.classs[key]
        return "not found"
    def get_key(self):
        return list(self.classs.keys())
    def update_dict(self, dict1):
        #方法1
        #self.classs.update(dict1)
        #方法2,对于重复的 key,B 会覆盖 A
        a = dict(self.classs, **dict1)
        return a
a = Dictclass({"姓名": "李四", "年龄": "20", "性别": "女"})
print(a.del_dict("年龄"))
print(a.get_dict("姓名"))
print(a.get_key())
print(a.update_dict({"年薪": 0}))
```

4.10　Python 库及其模块

知识链接

Python 语言标准库(Standard Library)内置了大量的函数和类,是 Python 解释器里的核

心功能之一。该标准库在 Python 安装时，已经存在，如图 4.33 和图 4.34 所示。

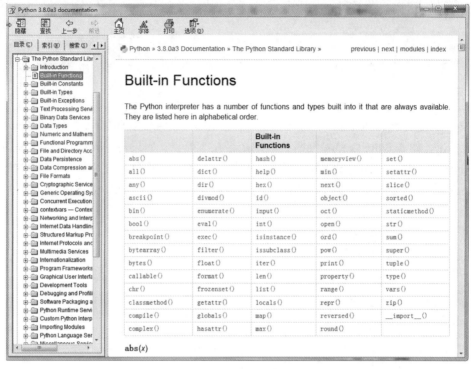

图 4.33　Python 语言标准库

图 4.34　Python 标准库代码

1. Python 模块

在计算机程序开发的过程中，随着程序代码越写越多，在一个文件里代码就会越来越长，越来越不容易维护。为了编码更加容易维护，我们把很多函数分组，分别放到不同的文件里，这样，每个文件包含的代码就会相对减少。很多编程语言就采用这种组织代码的方式。在 Python 中，一个.py 文件就称之为一个模块（Module）。模块一共有 3 种：Python 标准库模块、第三方模块、应用程序自定义模块，如图 4.35 所示。

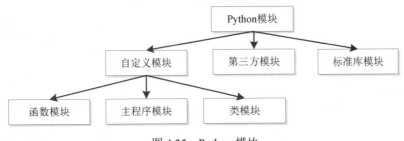

图 4.35 Python 模块

2. Python 模块导入方法

（1）import 语句方法。例如，import module1。当我们使用 import 语句时，Python 解释器是怎样找到对应的文件的呢？答案就是解释器有自己的搜索路径，存在 sys.path 里。因此如果当前目录下存在与要引入的模块同名的文件，就会把要引入的模块屏蔽掉。

（2）from...import 语句方法。例如，from modname import name1。这个声明不会把整个 modulename 模块导入当前的命名空间，只会引入它里面的 name1 函数。

（3）from...import *语句。例如，from modname import *。它提供了一个简单的方法导入一个模块中所有的项目。但是这种声明容易覆盖已有的定义，不建议使用。

（4）运行本质。例如，import test、from test import add。无论是 import test 还是 from test import add，首先通过 sys.path 找到 test.py，然后执行脚本（全部执行），区别是 import test 会将 test 这个变量名加载到名字空间，而 from test import add 只会将 add 这个变量名加载进来。

（5）包（package）。如果不同的人编写的模块名相同了，怎么办？为了避免模块名冲突，Python 又引入了按目录来组织模块的方法，称为包（package）。

举个例子，一个 abc.py 的文件就是一个名字叫 abc 的模块；一个 xyz.py 的文件就是一个名字叫 xyz 的模块。

3. 常用的模块

（1）datetime 模块。datetime 模块汇总表如表 4.16 所示。

表 4.16 datetime 模块汇总表

模 块	描 述	实 例

datetime.now()	获取当天的日期和时间	>>> from datetime import datetime, date, time
		>>> print(datetime.now())
		2019-05-19 19:52:13.592000

datetime.date(t)	获取当天的日期，t 为 datetime 实例参数	>>> from datetime import datetime, date, time
		>>> date.max
		datetime.date(9999, 12, 31)

datetime.time(t)	获取当天的时间，t 为 datetime 实例参数	>>> from datetime import time
		>>> time.max
		datetime.time(23, 59, 59, 999999)

续表

模 块	描 述	实 例
datetime.ctime(t)	获取"星期，月，日，时，分，秒，年"格式的字符串，t 为 datetime 实例参数	等价于 time 模块的 time.ctime(time.mktime(d.timetuple()))

datetime.utcnow()	获取当前的 UTC 日期和时间	>>> from datetime import datetime, date, time
		>>> print(datetime.utcnow())
		2019-05-19 11:55:06.811000

datetime.timestamp(t)	获取当天的时间戳（UNIX 时间戳）；t 为 datetime 实例参数	>>> today = datetime.datetime.today() >>> datetime.datetime.timestamp(today)

datetime.fromtimestamp(t_tamp)	根据时间戳返回 UTC 日期时间；t_tamp 为时间戳浮点数	>>> t1=time.time()
		>>> print(datetime.date.fromtimestamp(t1))
		2019-05-20

datetime.combine(date1, time1)	绑定日期、时间，生成新的 datetime 对象；date1 为日期对象，time1 为时间对象	>>> import datetime >>> datetime.datetime.combine(datetime.date.today(), datetime.time.min)
datetime.strptime(dt_str, sf)	根据字符串和指定格式生成新的 datetime 对象；dt_str 为字符串日期时间，sf 为指定格式	>>> format = "%a %b %d %H:%M:%S %Y" >>> d=datetime.datetime.strptime(s, format)
datetime.timetuple(t)	把 datetime 对象所有属性转为时间元组对象，t 为 datetime 实例参数	>>> import datetime >>> datetime.datetime.now().timetuple()
t.isocalendar()	获取 ISO 格式的日期(元组形式)，t 为 datetime 实例对象	>>> today.isocalendar() (2019, 12, 1)

t.strftime(dt_str_format)	获取自定义格式的日期时间字符串，t 为 datetime 实例对象，dt_str_format 指定格式	>>> import datetime
		>>> today = datetime.datetime.today()
		>>> format = "%a %b %d %H:%M:%S %Y"
		>>> print(today.strftime(format))
		Mon May 20 15:32:23 2019

（2）math 模块。math 模块使用方法如图 4.36 所示。

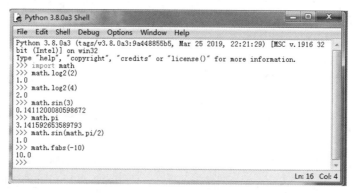

图 4.36　math 模块的应用

（3）random 模块。在科学计算中，很多地方需要用到随机函数，如生成一系列随机数计算均值、正太（高斯）分布、对数正态分布、伽玛（Gamma）和贝塔（Beta）分布等，如图 4.37 所示，应用如图 4.38 所示。

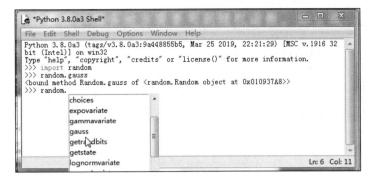

图 4.37　random 模块

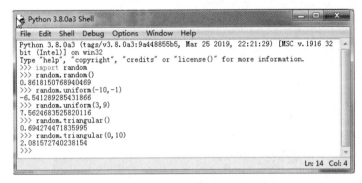

图 4.38　random 模块的应用

（4）os 模块。现在计算机上主流的操作系统是 Windows、UNIX、Mac OS 等。os 模块为多操作系统的访问提供了相关功能支持，如图 4.39 所示，应用如图 4.40 所示。

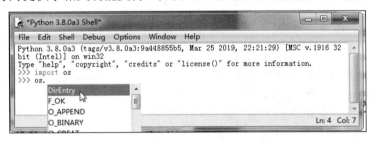

图 4.39　os 模块

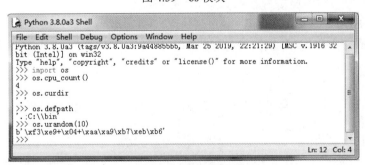

图 4.40　os 模块的应用

（5）sys 模块。sys 模块提供了跟 Python 解释器紧密相关的一些变量和函数，如图 4.41 所示。

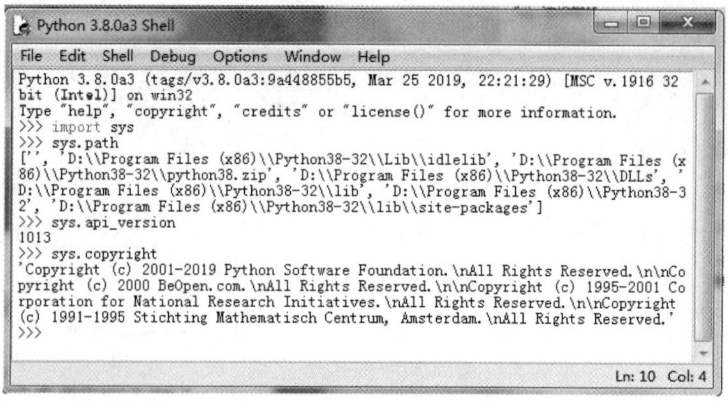

图 4.41　sys 模块的应用

（6）time 模块。模块调用方法如图 4.42 所示

图 4.42　time 模块的应用

课堂任务

1. 认识 Python 标准库及模块概念。
2. 掌握 Python 模块的导入方法及其应用。
3. 掌握常用 Python 模块的调用方法。

探究活动

任务 1

启动 Python 自带的 IDLE 编辑器，上机操作练习"知识链接"中所述类的案例及表格里的实例。

任务 2

练习 Python 文件夹与文件的操作，有关文件夹与文件的查找、删除等功能在 os 模块中实现。使用时需先导入这个模块，导入的方法如下。

```
import os
```

第一步：取得当前目录。例如，s= os.getcwd()，其中，s 中保存的是当前目录（即文件夹），例如，运行 abc.py，那么，输入该命令就会返回 abc 所在的文件夹位置。

举个简单例子，我们将 abc.py 放入 A 文件夹，并且希望不管将 A 文件夹放在硬盘的哪个位置，都可以在 A 文件夹内生成一个新文件夹，且文件夹的名字根据时间自动生成。

```
import os
import time
folder = time.strftime(r"%Y-%m-%d_%H-%M-%S", time.localtime())
os.makedirs(r'%s/%s'%(os.getcwd(), folder))
```

第二步：更改当前目录。os.chdir("C:\\123")，将当前目录设为"C:\123"，相当于 DOC 命令的 CD C:\123。但是，当指定的目录不存在时，引发异常。

第三步：将一个路径名分解为目录名和文件名两部分。例如：

```
fpath, fname = os.path.split( "你要分解的路径")
```

例如：

```
a, b = os.path.split("c:\\123\\456\\test.txt")
Print(a)
Print(b)
显示：
c:\123\456
test.txt
```

第四步：分解文件名的扩展名，例如：

```
fpathandname, fext = os.path.splitext("你要分解的路径")
```

例如：

```
a, b = os.path.splitext("c:\\123\\456\\test.txt")
Print(a)
Print(b)
显示：
c:\123\456\test.txt
```

第五步：判断一个路径（目录或文件）是否存在。例如：

```
b = os.path.exists("你要判断的路径")
```

返回值 b：True 或 False。

第六步：判断一个路径是否是文件。例如：

```
b = os.path.isfile("你要判断的路径")
```

返回值 b：True 或 False。

第七步：判断一个路径是否是目录。例如：

```
b = os.path.isdir("你要判断的路径")
```

返回值 b：True 或 False。

第八步：获取某目录中的文件及子目录的列表。例如，L = os.listdir("你要判断的路径")。

例如：

```
L = os.listdir( "c:/" )
print(L)
```

显示：

```
['1.avi', '1.jpg', '1.txt', 'CONFIG.SYS', 'Inetpub', 'IO.SYS', 'KCBJGDJC',
'KCBJGDYB', 'KF_GSSY_JC', 'MSDOS.SYS', 'MSOCache', 'NTDETECT.COM', 'ntldr',
'pagefile.sys', 'PDOXUSRS.NET', 'Program Files', 'Python24', 'Python31',
'QQVideo.Cache', 'RECYCLER', 'System Volume Information', 'TDDOWNLOAD',
'test.txt', 'WINDOWS']
```

这里面既有文件，也有子目录。

课堂练习

1. 获取某指定目录下的所有子目录的列表。

```
def getDirList(p):
    p = str(p)
    if p=="":
        return[ ]
    p = p.replace("/", "\\")
    if p[-1] != "\\":
        p = p+"\\"
    a = os.listdir(p)
    b = [x  for x in a if os.path.isdir(p + x )]
    return b
print    getDirList("C:\\")
```

结果：

```
['Documents and Settings', 'Downloads', 'HTdzh', 'KCBJGDJC', 'KCBJGDYB',
'KF_GSSY_JC', 'MSOCache', 'Program Files', 'Python24', 'Python31', 'QQVideo.
Cache', 'RECYCLER', 'System Volume Information', 'TDDOWNLOAD', 'WINDOWS']
```

2. 获取某指定目录下的所有文件的列表。

```
def getFileList(p):
    p = str(p)
    if p=="":
        return[ ]
    p = p.replace("/", "\\")
    if p[-1] != "\\":
        p = p+"\\"
    a = os.listdir(p)
    b = [x  for x in a if os.path.isfile(p + x)]
    return b
print    getFileList("C:\\")
```

结果：

```
['1.avi','1.jpg','1.txt','123.txt','12345.txt','2.avi','a.py','AUTOEXEC.BAT',
'boot.ini','bootfont.bin','CONFIG.SYS','IO.SYS','MSDOS.SYS','NTDETECT.COM',
'ntldr', 'pagefile.sys', 'PDOXUSRS.NET', 'test.txt']
```

思维拓展

在探究活动的基础上，继续在课外拓展探究如何创建子目录、删除子目录、文件删除或改名等操作。

（1）创建子目录。创建方法如下。

`os.makedirs(path)`

其中，path 是要创建的子目录，例如：

`os.makedirs("C:\\123\\456\\789")`

调用有可能失败，可能的原因是：① path 已存在（不管是文件还是文件夹）；② 驱动器不存在；③ 磁盘已满；④ 磁盘是只读的或没有写权限。

（2）删除子目录。删除子目录方法如下。

`os.rmdir(path)`

其中，path 是要删除的子目录，产生异常的可能原因：① path 不存在；② path 子目录中有文件或下级子目录；③ 没有操作权限或只读。测试该函数时，请自己先建立子目录。

（3）删除文件。删除文件方法如下。

`os.remove(filename)`

其中，filename 是要删除的文件名。产生异常的可能原因：① filename 不存在；② 对 filename 文件，没有操作权限或只读。

（4）文件改名。改名方法如下。

`os.name(oldfileName, newFilename)`

产生异常的原因：① oldfilename 旧文件名不存在；② newFilename 新文件已经存在时，此时，你需要先删除 newFilename 文件。

本章学习评价

完成下列各题，并通过完成本章的知识链接、探究活动、课堂练习、思维拓展等内容，综合评价自己在知识与技能、解决实际问题的能力以及相关情感态度与价值观的形成等方面，是否达到了本章的学习目标。

一、判断题

1．Python 代码的注释只有一种方式，那就是使用#符号。　　　　　　（　　）
2．调用函数时，在实参前面加一个型号*表示序列解包。　　　　　　（　　）
3．Python 支持使用字典的"键"作为下标来访问字典中的值。　　　　（　　）
4．列表可以作为字典的"键"。　　　　　　　　　　　　　　　　　（　　）
5．元组可以作为字典的"键"。　　　　　　　　　　　　　　　　　（　　）
6．字典的"键"必须是不可变的。　　　　　　　　　　　　　　　　（　　）

7. 尽管可以使用 import 语句一次导入任意多个标准库或扩展库，但是仍建议每次只导入一个标准库或扩展库。（   ）

8. Python 集合中的元素不允许重复。（   ）

9. Python 字典中的"键"不允许重复。（   ）

10. Python 字典中的"值"不允许重复。（   ）

11. Python 集合中的元素可以是列表。（   ）

12. Python 集合中的元素可以是元组。（   ）

13. Python 列表中所有元素必须为相同类型的数据。（   ）

14. Python 列表、元组、字符串都属于有序序列。（   ）

15. 元组是不可变的，不支持列表对象的 inset()、remove()等方法，也不支持 del 命令删除其中的元素，但可以使用 del 命令删除整个元组对象。（   ）

16. 无法删除集合中指定位置的元素，只能删除特定值的元素。（   ）

17. 元组的访问速度比列表要快一些，如果定义了一系列常量值，并且主要用途仅仅是对其进行遍历而不需要进行任何修改，建议使用元组而不使用列表。（   ）

18. 当以指定"键"为下标给字典对象赋值时，若该"键"存在，则表示修改该"键"对应的"值"，若不存在，则表示为字典对象添加一个新的"键—值对"。（   ）

19. 只能对列表进行切片操作，不能对元组和字符串进行切片操作。（   ）

20. 只能通过切片访问元组中的元素，不能使用切片修改元组中的元素。（   ）

21. 字符串属于 Python 有序序列，和列表、元组一样都支持双向索引。（   ）

22. Python 字典和集合支持双向索引。（   ）

23. 函数是代码复用的一种方式。（   ）

24. 函数中必须包含 return 语句。（   ）

25. 定义函数时，带有默认值的参数必须出现在参数列表的最右端，任何一个带有默认值的参数右边不允许出现没有默认值的参数。（   ）

26. 不同作用域中的同名变量之间互相不影响，也就是说，在不同的作用域内可以定义同名的变量。（   ）

27. 假设已导入 random 标准库，那么表达式 max([random.randint(1, 10) for i in range(10)])的值一定是 10。（   ）

28. 在 Python 中定义类时，运算符重载是通过重写特殊方法实现的。例如，在类中实现了__mul__()方法，即可支持该类对象的**运算符。（   ）

29. 对于 Python 类中的私有成员，可以通过"对象名._类名__私有成员名"的方式来访问。（   ）

30. 通过对象不能调用类方法和静态方法。（   ）

31. Python 类不支持多继承。（   ）

32. 假设 random 模块已导入，那么表达式 random.sample(range(10), 20)的作用是生成 20 个不重复的整数。（   ）

33. 假设 random 模块已导入，那么表达式 random.sample(range(10), 7)的作用是生成 7 个不重复的整数。（   ）

二、填空题

1．列表对象的 sort()方法用来对列表元素进行原地排序，该函数返回值为_____。

2．使用列表推导式生成包含 10 个数字 5 的列表，语句可以写为_____。

3．字典中多个元素之间使用_____分隔开，每个元素的"键"与"值"之间使用_____分隔开。

4．字典对象的_____方法可以获取指定"键"对应的"值"，并且可以在指定"键"不存在的时候返回指定值，如果不指定，则返回 None。

5．字典对象的_____方法返回字典中的"键—值对"列表。

6．字典对象的_____方法返回字典的"键"列表。

7．已知 x = [3, 5, 7]，那么表达式 x[10:]的值为_____。

8．已知 x = [3, 5, 7]，那么执行语句 x[len(x):] = [1, 2]之后，x 的值为_____。

9．已知 x = [3, 7, 5]，那么执行语句 x.sort(reverse=True)之后，x 的值为_____。

10．已知 x = [3, 7, 5]，那么执行语句 x = x.sort(reverse=True)之后，x 的值为_____。

11．Python 内置函数_____用来打开或创建文件，并返回文件对象。

12．Python 标准库 os 中用来列出指定文件夹中的文件和子文件夹列表的方式是_____。

13．已知函数定义 def func(*p):return sum(p)，那么表达式 func(1, 2, 3, 4)的值为_____。

14．如果函数中没有 return 语句或者 return 语句不带任何返回值，那么该函数的返回值为_____。

15．已知列表 x 中包含超过 5 个以上的元素，那么表达式 x==x[:5]+x[5:]的值为_____。

16．表达式"join('asdssffff'.split('sd'))的值为_____。

17．假设 re 模块已导入，那么表达式 re.findall('(\d)\\1+', '33abcd112')的值为_____。

18．已知列表 x = [1, 2]，那么连续执行命令 y = x 和 y.append(3)之后，x 的值为_____。

19．本章对你启发最大的是_____。

20．你还不太理解的内容有_____。

21．你还学会了_____。

第 5 章　数据库及应用

目前，Python 的网络编程框架已经多达几十个，逐个学习它们显然不现实，但这些框架在系统架构和运行环境中有很多共通之处。所谓网络框架是指这样的一组 Python 包，它能够使开发者专注于网站应用业务逻辑的开发，而无须处理网络应用底层的协议、线程、进程等方面，这样能大大提高开发者的工作效率，同时提高网络应用程序的质量。

本章将通过图形用户界面、软件测试及打包、线程及进程、Web 及数据库应用开发等内容的学习，掌握 Python 软件开发的一般流程。以 STEM 教育理念为指导，开展项目学习，让学生体验研究和创造的乐趣，培养学生创新设计的意识与能力。

本章主要知识点：
- 图形用户界面
- 线程与进程
- Web 应用入门
- 数据库操作
- 测试及打包
- 应用开发

5.1　图形用户界面

知识链接

图形用户界面（Graphical User Interface，GUI，又称图形用户接口）是指采用图形方式显示的计算机操作用户界面。在菜单栏里选择 Debug→Debugger 命令，弹出如图 5.1 所示窗口。

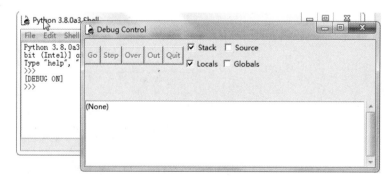

图 5.1　图形用户界面

作为 Python 开发者，你迟早都会用到图形用户界面来开发应用。目前，市面上 Python GUI 框架比较多，常见的几种如表 5.1 所示。

表 5.1 常用的 Python GUI 框架

GUI 框架	主 要 描 述	下 载 地 址
tkinter	Python 自带 GUI 开发包	
PyGObject	支持 Linux、Windows 和 Mac OS，并可与 Python 2.7+以及 Python 3.4+一起使用	https://pygobject.readthedocs.io/en/latest/
PyGTK	PyGTK 能够在 Linux、Windows、Mac OS 和其他平台上运行，无须修改	http://www.pygtk.org/
PyQt	PyQt 是 Qt 公司 Qt 应用程序框架的一组 Python v2 和 v3 绑定，可在 Qt 支持的所有平台上运行，包括 Windows、Mac OS、Linux、iOS 和 Android	http://pyqt.sourceforge.net/Docs/PyQt5/introduction.html
PySide	Windows、Linux/X11、Mac OS 开源、免费	https://wiki.qt.io/PySide2
wxPython	Python 语言的跨平台 GUI 工具包。在 Windows、Mac OS 和 Linux 或其他类 UNIX 系统上几乎不做任何修改即可运行	https://www.wxpython.org/

1. tkinter 开发包

tkinter 是 Tk Interface 的缩写。Python 提供了 tkinter 开发包，其中含有 tkinter 接口。创建一个 GUI 程序方法：① 导入 Tkinter 模块。② 创建控件。③ 指定这个控件的 master，即这个控件属于哪一个。④ 告诉 GM(geometry manager)有一个控件产生了。

参考程序代码如下。

```
import tkinter
top = tkinter.Tk()
#进入消息循环
top.mainloop()
```

上面这段代码的运行结果如图 5.2 所示。tkinter 开发包是 Python 自带的，在 Python 3.8 版本中，tkinter 的首字母还是小写，否则会出错，但是调用 tkinter 的 Tk 属性值时还是要大写。

图 5.2 代码运行结果

tkinter 开发包的控件与属性如表 5.2 所示。

表 5.2　tkinter 开发包的控件与属性

控件	属性	控件	属性
Dimension	控件大小	Checkbutton	多选框按钮
Color	控件颜色	Entry	单行文本输入框
Font	控件字体	Frame	框架；在屏幕上显示一个矩形区域，作为容器
Anchor	锚点	Label	标签；显示文本或图标，起提示作用
Relief	控件样式	Listbox	列表框控件；在 Listbox 窗口小部件是用来显示一个字符串列表给用户
Bitmap	位图	Toplevel	子窗体容器控件；用来提供一个单独的对话框
Cursor	光标	Spinbox	输入控件，与 Entry 类似，输入范围值
Button	按钮，鼠标单击时执行相应事件	tkMessageBox	显示应用程序的消息框
Canvas	画布；显示图形元素，如线条或文本	Menubutton	菜单按钮，显示菜单项
Menu	菜单控件；显示菜单栏，下拉和弹出菜单	Message	信息提示对话框
Radiobutton	单选按钮	Scale	刻度条，为输出限定范围的数字区间
Scrollbar	滚动条，如列表框	Text	多行文本输入框
PanedWindow	窗口布局管理插件，可以包含一个或者多个子控件	LabelFrame	标签框架容器，复杂的窗口布局

2. wxPython 开发包

wxPython 是 Python 语言的一套优秀的 GUI 图形库，为 python 程序员提供创建功能键的 GUI 用户界面工具。wxPython 是作为优秀的跨平台 GUI 库 wxWidgets 的 Python 封装和 Python 模块的方式提供给用户的，就如同 Python 和 wxWidgets 一样，wxPython 也是一款开源软件，并且具有非常优秀的跨平台能力，能够运行在 32 位 Windows、绝大多数的 UNIX 或类 UNIX 系统、Macintosh OS X 上。

wxPython 开发包的安装步骤如下：

（1）在 wxPython 官网 https://www.wxpython.org/download.php 上下载 wxPython 工具包，将得到一个安装文件，正常安装即可，也可以使用 pip install -U wxPython 进行安装。

注意：到发稿为止，wxPython 只有满足 Python 3.7 版本的安装文件，满足 Python 3.8 的还没有。

（2）安装成功之后，要进行测试，程序代码如下。

```
import wx                                          #导入 wx 包
app = wx.App()                                     #创建应用程序对象
win = wx.Frame(None, -1, 'install test')           #创建窗体
btn = wx.Button(win, label = 'Button')             #创建 Button
win.Show()                                         #显示窗体
app.MainLoop()
```

（3）运行之后创新一个窗口，证明安装成功。

课堂任务

1. 掌握图形用户界面及 Python GUI 框架的概念及其创建方法。
2. 掌握 Python 自带 tkinter 开发包的属性。
3. 探究 tkinter 控件的使用方法。
4. 探究 wxPython 开发包的安装及使用。

探究活动

任务 1

创建一个新窗口，要求窗口的高 4、宽 10，程序代码如下。

```
from tkinter import *
master=Tk()
master.geometry("700*600")
#======================Label
l_show=Label(master, text="三酷猫")
photo=PhotoImage(file="d:/d1008.jpg")
l_show1=Label(master, image=photo)
l_show.pack(side="left")
l_show.pack(side="left")
#======================Entry
e_show=Entry(master, width=10)
e_show.pack(side="left")
#======================Text
t_show=Text(master, width=10, height=4)
t_show.pack(side="bottom")
```

任务 2

创建一个新窗口，建一个下拉式菜单，并有记录，可以选择。运行结果如图 5.3 所示，程序代码如下。

```
from tkinter import *
from tkinter import ttk
def show_msg(*args):
    print(color_select.get())
root=Tk()
name=StringVar()
color_select=ttk.Combobox(root, textvariable=name)
color_select["values"]=("red","green", "blue")
color_select["state"]="readonly"
color_select.current(0)
color_select.bind("<<ComboboxSelected>>", show_msg)
color_select.pack()
root.mainloop()
```

图 5.3　程序运行结果

任务 3

创建一个新窗口，显示文件目录树，运行结果如图 5.4 所示，程序代码如下。

```
import tkinter.tix
from tkinter.constants import *
root=tkinter.tix.Tk()
top=tkinter.tix.Frame(root, relief=RAISED, bd=1)
top.pack(side="left")
top.dir=tkinter.tix.DirList(top)
top.dir.hlist['width']=40
top.dir.pack(side="left")
top.btn=tkinter.tix.Button(top, text=">>", pady=0)
top.btn.pack(side="left")
top.ent=tkinter.tix.Label(top,label="Installation Directory",labelside="top")
top.ent.pack(side="left")
root.mainloop()
```

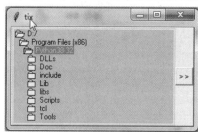

图 5.4　显示文件目录树

任务 4

制作一个对话框，运行结果如图 5.5 所示，程序代码如下。

```
from tkinter import *
import tkinter.messagebox
class MainWindow:
    def buttonListener1(self, event):
        tkinter.messagebox.showinfo("messagebox", "this is button 1 dialog")
    def buttonListener2(self, event):
        tkinter.messagebox.showinfo("messagebox", "this is button 2 dialog")
    def buttonListener3(self, event):
        tkinter.messagebox.showinfo("messagebox", "this is button 3 dialog")
    def buttonListener4(self, event):
        tkinter.messagebox.showinfo("messagebox", "this is button 4 dialog")
    def __init__(self):
        self.frame = Tk()
        self.button1 = Button(self.frame,text = "button1",width =10,height =5)
        self.button2 =Button(self.frame,text ="button2", width =10, height =5)
        self.button3 = Button(self.frame,text = "button3",width = 10,height =5)
        self.button4 = Button(self.frame,text = "button4",width = 10,height =5)
        self.button1.grid(row = 0, column = 0, padx = 5, pady = 5)
        self.button2.grid(row = 0, column = 1, padx = 5, pady = 5)
        self.button3.grid(row = 1, column = 0, padx = 5, pady = 5)
        self.button4.grid(row = 1, column = 1, padx = 5, pady = 5)
```

```
        self.button1.bind("<ButtonRelease-1>", self.buttonListener1)
        self.button2.bind("<ButtonRelease-1>", self.buttonListener2)
        self.button3.bind("<ButtonRelease-1>", self.buttonListener3)
        self.button4.bind("<ButtonRelease-1>", self.buttonListener4)
        self.frame.mainloop()
window = MainWindow()
```

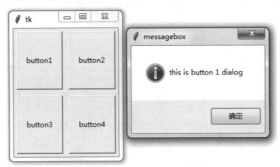

图 5.5　程序运行结果

从上面的程序代码可以看出，Python 3 中相对于 Python 2 有很多的变化，其中一些包的名字是改变了，例如，Tkinter 变为了 tkinter，而对于对话框在 Python 2 中可以通过导入 tkMessageBox 来使用，如 tkMessageBox.showifo("messagebox", "this is a messagebox")，但在 Python 3 中此模块变为了 messagebox，只需要导入 tkinter.messagebox 就可以使用（tk = Tk()）：tk.messagebox.showinfo("messagebox", "this is a messagebox")。

课堂练习

创建一个表单输入窗口，运行结果如图 5.6 所示，参考程序代码如下。

```
from tkinter import *
class MainWindow:
    def __init__(self):
        self.frame = Tk()
        self.label_name = Label(self.frame, text = "姓名:")
        self.label_age = Label(self.frame, text = "年龄:")
        self.label_sex = Label(self.frame, text = "性别:")
        self.text_name = Text(self.frame, height = "1", width = 30)
        self.text_age = Text(self.frame, height = "1", width = 30)
        self.text_sex = Text(self.frame, height = "1", width = 30)
        self.label_name.grid(row = 0, column = 0)
        self.label_age.grid(row = 1, column = 0)
        self.label_sex.grid(row = 2, column = 0)
        self.button_ok = Button(self.frame, text = "确定", width = 10)
        self.button_cancel = Button(self.frame, text = "取消", width = 10)
        self.text_name.grid(row = 0, column = 1)
        self.text_age.grid(row = 1, column = 1)
        self.text_sex.grid(row = 2, column = 1)
        self.button_ok.grid(row = 3, column = 0)
        self.button_cancel.grid(row = 3, column = 1)
        self.frame.mainloop()
frame = MainWindow()
```

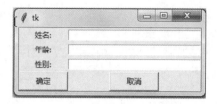

图 5.6　创建表单输入窗口

思维拓展

创建一个控制件，并能传递参数值，运行结果如图 5.7 所示，参考代码如下。

```
from tkinter import *
root=Tk()
def prt():
    print("hello")
def func1(*args, **kwargs):
    print(*args, **kwargs)
hello_btn=Button(root, text="hello", command=prt)#演示
hello_btn.pack()
args_btn=Button(root, text="获知是否button事件默认有参数", command=func1) #获知是否有参数，结果是没有
args_btn.pack()
btn1=Button(root,text="传输参数",command=lambda:func1("running"))#强制传输参数
btn1.pack()
root.mainloop()
```

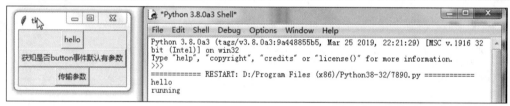

图 5.7　运行结果

5.2　进程与线程

知识链接

1. 进程

进程（Process）是具有一定独立功能的程序关于某个数据集合上的一次运行活动，进程是系统进行资源分配和调度的单位。换句话说，进程就是在计算机内存中运行的一个软件实例，是线程的容器。

2. 线程

线程（threading）是进程的一个实体，是 CPU 调度和分派的基本单位，它是比进程更小的能独立运行的基本单位。线程自己基本上不拥有系统资源，只拥有一点在运行中必不可少

的资源（如程序计数器、一组寄存器和栈），但是它可与同属于一个进程的其他线程共享进程所拥有的全部资源。线程有时被称为轻量级进程（Light Weight Process，LWP），是程序执行流的最小单元。一个标准的线程由线程 ID、当前指令指针、寄存器集合和堆栈组成。线程是进程的一部分，进程可以包含若干个线程。

注意：一个程序至少有一个进程，一个进程至少有一个线程（主线程），进程在执行过程中拥有独立的内存单元，而多个线程共享内存，从而极大地提高了程序的运行效率。

3. 进程与线程的区别

一般将进程定义为一个正在运行的程序的实例。我们在任务管理器中所看到的每一项，就可以理解为一个进程，每个进程都有一个地址空间，这个地址空间里有可执行文件的代码和数据，以及线程堆栈等。一个程序至少有一个进程。进程可以创建子进程，创建的子进程可以和父进程一起工作，也可以独立运行。而线程是隶属于进程的，也就是说，线程是不能单独存在的，线程存在于进程中。每个进程至少有一个主线程，进程里的线程就负责执行进程里的代码，这也叫作进程的"惰性"。线程所使用的资源是它所属的进程的资源。线程也有自己的资源，主要组成部分就是一些必要的计数器和线程栈，占用的资源很少。我们可以理解为进程就是个容器，而线程才是真正干活的。线程可以在内核空间实现，也可以在用户空间实现。

注意：多线程容易调度，有效地实现并发性。对内存的开销比较小。创建线程比创建进程要快。

UNIX/Linux/Mac OS 操作系统都可以使用 fork()函数来创建子进程，分别在父进程和子进程内返回，例如：ID = os.fork()。但是，在 Windows 中没有 fork()调用，可以用 multiprocessing 模块的 Process 类代替，例如：p = Process(target=run_proc, args=('test',))。

课堂任务

1. 理解进程与线程的概念。
2. 掌握 Python 自带编辑器 IDLE 编写程序过程，体验进程与线程的区别。
3. 通过 Python 上机实践机会，编程实现本节课的实例。

探究活动

1. 简单地创建进程，代码如下。

```
import multiprocessing
def worker(num):
    """thread worker function"""
    print('Worker:', num)
    return
if __name__ == '__main__':
    jobs = []
    for i in range(5):
        p = multiprocessing.Process(target=worker, args=(I, ))
        jobs.append(p)
        p.start()
```

2. 确定当前的进程，即是给进程命名，方便标识区分、跟踪，代码如下。

```
import multiprocessing
import time
def worker():
    name = multiprocessing.current_process().name
    print(name, 'Starting')
    time.sleep(2)
    print(name, 'Exiting')
def my_service():
    name = multiprocessing.current_process().name
    print(name, 'Starting')
    time.sleep(3)
    print(name, 'Exiting')
if __name__ == '__main__':
    service = multiprocessing.Process(name='my_service', target=my_service)
    worker_1 = multiprocessing.Process(name='worker 1', target=worker)
    worker_2 = multiprocessing.Process(target=worker) #错误名称
    worker_1.start()
    worker_2.start()
    service.start()
```

3. 创建子进程，分别在父进程和子进程内返回，可以用 multiprocessing 模块的 Process 类，试运行结果如图 5.8 所示，程序代码如下。

```
import os
from multiprocessing import Process
import os
#子进程要执行的代码
def run_proc(name):
    print('子线程 %s 的 ID 是:%s' % (name, os.getpid()))
print('当前线程(父线程) 的 ID 是: %s' % os.getpid())
p = Process(target=run_proc, args=('test', ))   #创建 Process 的实例，并传入子线程要执行的函数和参数
p.start()  #子线程开始执行
p.join()   #join 方法用于线程间的同步，等线程执行完毕后再往下执行
print('子线程执行完毕, 回到主线程%s' % os.getpid())
```

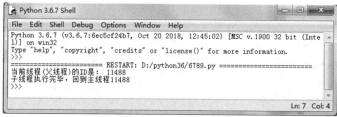

图 5.8　程序运行结果

课堂练习

1. 如果要启动多个子进程，则可用进程池 Poll，运行结果如图 5.9 所示，程序代码如下。

```
from multiprocessing import Pool
import os
```

```
import time
import random
def child_task(name):
    print('子进程的%s ID 是:%s 正在运行' % (name, os.getpid()))
    start = time.time()
    time.sleep(random.random() * 3)    #随机睡眠一段时间
    end = time.time()
    print('子进程 %s 运行了 %0.2f 秒' % (name, (end - start)))
if __name__ == '__main__':    #交互模式自动开始执行
    print('当前进程(父进程)ID 是: %s' % os.getpid())
    p = Pool(4)    #创建进程池实例,大小是 4 个进程
    for i in range(5):    #循环 5 次,每次循环都创建一个子进程,大小只有 4,则第 5 个需要等待
        p.apply_async(child_task, args=(I, ))    #apply_async 方法,传入子进程要执行的函数和函数参数(以元组的形式)
    print('子进程循环创建完毕,正在等待子进程执行。')
    p.close()    #关闭进程池,之后就不能添加新的进程了
    p.join()    #如果有进程池,调用 join 前必须调用 close(join 方法,等待所有子进程执行完毕再往下执行)
    print('所有进程运行完毕')
```

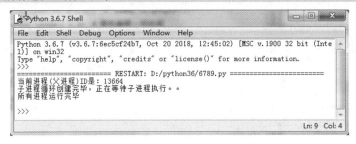

图 5.9　程序运行结果

2．进程与进程之间通过传递对象 Queue 来通信，程序代码如下。

```
from multiprocessing import Process, Queue
import os
import time
import random
def write(q):    #写数据
    for value in ['A', 'B', 'C']:
        print('进程 %s 开始写入 %s' % (os.getpid(), value))
        q.put(value)
        time.sleep(random.random())    #随机睡眠一段时间,开始写入第二个数据
def read(q):    #读数据
    while True:
        value = q.get(True)
        print('进程 %s 开始读出 %s' % (os.getpid(), value))
if __name__ == '__main__':
    q = Queue()    #父进程创建 Queue,并传给各个子进程:
    pw = Process(target=write, args=(q, ))    #传入进程要执行的函数和函数参数
    pr = Process(target=read, args=(q, ))

    pw.start()    #启动子进程 pw,写入
```

```
    pr.start()    #启动子进程pr, 读取（启动之后, 就一直循环着尝试读取, 直到被中断）
    pw.join()     #等待pw结束
    pr.terminate()   #pw进程执行结束后, 就中断pr, 因为pr进程里是死循环, 无法等待其结
束, 只能强行终止
```

思维拓展

用 Python 各写一个多进程和多线程的程序来求 10000 以内的质数，用来看哪个计算得更快？（① 至少 5 个线程和进程；② Python 的多线程用到的是 threading 模块，同启动进程类似，传入要执行的函数）

运行结果如图 5.10 所示，参考程序代码如下。

```
import time, threading
def loop():  #新线程要执行的函数
    print('创建了线程 %s' % threading.current_thread().name) # current_thread()
返回当前线程的名字
    for n in range(5):  #循环5次, 示例代码
        print('线程 %s 循环第 %s 次' % (threading.current_thread().name, n + 1))
        time.sleep(1)   #暂定1秒
    print('线程 %s 结束' % threading.current_thread().name)
print('最开始线程 %s 正在执行' % threading.current_thread().name)
t = threading.Thread(target=loop, name='LoopThread')   #传入线程要执行的函数和线
程的名字, 如果不指定名字, 系统会有默认的线程名字
t.start()
t.join()    #等待线程执行完毕
print('线程 %s 结束' % threading.current_thread().name)
```

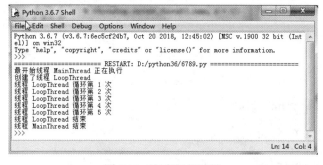

图 5.10　程序运行结果

5.3　数据库操作

知识链接

作为一个程序员，其实，我们开发程序的实质就是操作各种各样的数据传给不同需求的用户。而在数据传递过程中，我们需要一个仓库来保存（或提供）源数据，这些数据经过程序，然后通过各种需求呈现给用户。在程序开发的专业术语中，这个仓库，我们称它为"数据库"。

数据库按照性质来划分，可以分为两大类：一是关系型数据库，数据和数据之间存在着广泛的联系，可以通过一个数据访问到其他数据；二是非关系型数据库，数据是单独的，数

据之间的耦合度比较低,对数据进行增删改不会影响到其他数据。数据库按照规模的大小来说,分为4种:大型数据库(Oracle)、中型数据库(SQL Server)、小型数据库(MySQL)、微型数据库(SQlite)。

在众多数据库中,MySQL 数据库算是语法比较简单,同时也是比较实用的一个。下面笔者将以 MySQL 数据库为例,为大家介绍 Python 对数据库的操作方法。

要想使用 Python 操作 MySQL,首先,需要安装 MySQL-Python 的包,在 Python 3.x 下,该包已经改名为 MySQLClient。可以使用 pip 方式安装 pip install MySQLClient 或 pip install pymysql。其次,是掌握 Python 使用 MySQL 数据库的操作流程,如图 5.11 所示。最后,就是要掌握对数据库操作的各种语句语法,熟悉它们的使用规范。

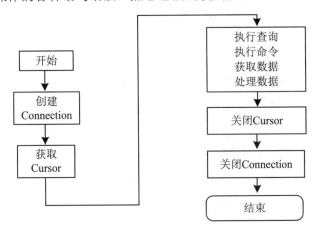

图 5.11 MySQL 数据库操作流程

Python 数据库的操作是指创建数据库、创建数据表、数据表的记录增加删除修改等操作,如表 5.3 所示。要提醒一下,在使用下面语句前必须先执行 import pymysql 语句导入 SQL 操作文件库,一般把这一行指令放在程序最前面,否则会出错。

表 5.3 数据表操作汇总

操作	描述	实例
connet()	连接服务器	db = pymysql.connect("localhost", "root", "123456", "student")
cursor()	建游标	cur=db.cursor()
CREATE DATABASE	创建数据库	cur.execute("CREATE DATABASE student")
close()	关闭游标	cur.close()
db.close()	关闭数据库	db.close()
INSERT INTO	插入数据表	cur_insert.execute("INSERT INTO blogs VALUES(1, '张明'), (2, '李四'), (3, '王东'), (4, '小明')") #添加记录
commit()	提交 insert 操作,让它生效	conn.commit()
update()	修改表中的一条数据,将序号为 3 的人姓名改为"雪东"	cur.execute("update awesome.blogs set name='雪东' where id=3")
select *	查询数据库 s	cur.execute("select * from student ")
fetchall()	抓取查询结果	cur.fetchall(),可以将上面 select 执行的语句结果抓取下来
delete from	删除记录	cur.execute("delete from student where name='tom'")

课堂任务

1. 掌握数据库概念及创建办法。
2. 掌握 Python 创建数据表的方法。
3. 掌握 Python 查询、插入、修改、删除数据等操作。

探究活动

第一步：安装数据库。

第二步：创建数据库，首先要连接 SQL 服务器，然后再用 execute()函数创建库。创建同名数据库只能创建一次，重复创建同名库会出错的，参考代码如下。

```
import pymysql
#连接 pymysql 服务器
con = pymysql.connect(host='localhost', user='root', passwd='123456')
cur = con.cursor()
try:
    cur.execute("DROP DATABASE student")  #检测要创建的数据库名是否存在
except Exception as e:
    print(e)
finally:
    pass
#开始建库
cur.execute("CREATE DATABASE student")
#使用库
cur.execute("USE student")
#建表
cur.execute("CREATE TABLE blogs(id INT, name VARCHAR(8))")
```

第三步：数据表插入操作。要给数据表 blogs（相当于 Excel 的工作表）添加记录内容。同样也要先连接数据库服务器，但此时，在连接数据库服务器的同时也可以连接数据库，参考程序代码如下。

```
import pymysql
db = pymysql.connect("localhost", "root", "123456", "student")  #连接服务器同时连接数据库 student
cur_insert = db.cursor()  #获取连接上的数据库的游标
try:
    cur_insert.execute("INSERT INTO blogs VALUES(1, '张明'), (2, '李四'), (3, '王东'), (4, '小明')")  #添加记录
    #提交
    db.commit()
    print('开始数据库插入操作')
except Exception as e:
    db.rollback()
    print('数据库插入操作错误回滚')
finally:
    Pass #完成操作之后直接下一步
```

第四步：数据表查询。使用"SELECT * FROM 数据表名"的方法查询记录，参考代码如下。

```
import pymysql
db = pymysql.connect("localhost", "root", "123456", " student")
cur_insert = db.cursor()
cur_insert.execute("SELECT * FROM blogs") #查询数报表blogs的记录
for row in cur_insert.fetchall():
    print('%s\t%s' %row)
#关闭
cur_insert.close()  #关闭数据数怪异镣铐
db.commit()
db.close()
```

第五步：数据表记录删除。在数据表中的记录可以由 cur.execute("delete from 数据库名.数据表名 where 字段名='要删除对应字段名的值'")，这里提醒一下，要用双引号，不然会出错的。参考代码如下。

```
import pymysql
db = pymysql.connect("localhost", "root", "123456", "student")
cur = db.cursor()
try:
cur.execute("delete from student.blogs where name='李四'")   #删除"李四"
db.commit()
print('开始数据库删除操作')
except Exception as e:
    db.rollback()
    print('数据库删除操作错误回滚')
finally:
    db.close()
```

第六步：数据表记录更新。数据记录的更新或修改，都可以 execute 函数实现，例如，cur.execute("update student.blogs set id=15 where name='张明' ")。要把数据库 student 中的数据表 blogs 中的 id=3 的姓名改为"雪东"，参考代码如下。

```
import pymysql
db = pymysql.connect("localhost", "root", "123456", "awesome")
cur = db.cursor()
try:
    cur.execute("update student.blogs set name='雪东' where id=3")
    #提交
    db.commit()
    print('开始数据库更新操作')
except Exception as e:
    db.rollback()
    print('数据库更新操作错误回滚')
finally:
    db.close()
```

课堂练习

创建一个以 test0602 为名的数据库，并在建成的库中创建以学生的序号及姓名为内容的数据表，再给这个表插入记录(1, '张明'), (2, '李四'), (3, '王东'), (4, '小明')"，最后，通过查询输出数据表内容，具体要求输出结果如图5.12所示，Spyder(python3.7)参考代码如下。

```python
import pymysql
#连接数据库服务器
cxn = pymysql.Connect(host = 'localhost', user = 'root', passwd = '123456')
#获取一个游标
cur = cxn.cursor()
try:
    cur.execute("DROP DATABASE test0602")
except Exception as e:
    print(e)
finally:
    pass
#创建数据库test0602
cur.execute("CREATE DATABASE test0602")
 #打开数据库
cur.execute("USE test0602")
 #创建表
cur.execute("CREATE TABLE users (id INT, name VARCHAR(8))")
#插入记录
cur.execute("INSERT INTO users VALUES(1, '张明'), (2, '李四'), (3, '王东'), (4, '小明')")
#查询
cur.execute("SELECT * FROM users")
for row in cur.fetchall():
    print('%s\t%s' %row)
#关闭
cur.close() #关闭数据库
cxn.commit()
cxn.close()
```

```
In [12]: runfile('C:/Users/asus/untitled4.py', wdir='C:/Users/asus')
1       张明
2       李四
3       王东
4       小明
```

图 5.12 test0602 数据库运行结果

以上程序代码描述了数据库与数据表的创建、数据表插入记录及查询功能。请大家要关注 execute()的使用方法，不然很容易出错。

思维拓展

1. Python 如何实现对 Excel 进行数据剔除操作？

Python 解析 Excel 时需要安装两个包，分别是 xlrd（读 Excel）和 xlwt（写 Excel），安装方法如下：pip install xlrd，pip install xlwt。

判断 Excel2 表中的某个唯一字段是否满足条件，如果满足条件，就在 Excel1 中进行查询，若存在 Excel 中，就将该数据进行剔除。

2. 创建一个以 studentscore 为名的数据库，并自行设计数据表，对本班同学的期中考试成绩表进行管理,要求成绩记录手工录入,并进行统计,按总分排序。

5.4 Web 应用入门

知识链接

前面已经学习完 Python 语法,接下来,讲一下 Python 语言构建简单的 Web 服务器的具体方法。什么是 Web 服务器?Web 服务器,顾名思义,就是提供 Web 服务的服务器,我们这里要做的,确切地说,应该是服务器程序。与其他 Web 后端语言不同,Python 语言需要自己编写 Web 服务器。

1. Python 3 安装 web.py

搭建服务器之前,先从官网下载并安装 web.py 模块,也可以直接在拟安装的服务器根目里输入下面的指令:pip install web.py==0.40.dev0,不能直接 pip install web.py,因为前者是 Python 3.x 版,后者是 Python 2.x 版本,如图 5.13 所示。

图 5.13 Web 安装成功界面

可以用 Spyder 或 PyCharm 编写服务端程序,然后用 code.py 存盘,再运行相关程序。主程序代码如下。

```
import web
urls = (
   '/(.*)', 'hello'
)
app = web.application(urls, globals())
class hello:
   def GET(self, name):
      if not name:
         name = 'World'
```

```
        return 'Hello, ' + name + '!'
if __name__ == "__main__":
    app.run()
```

在 Python 3.7 版本运行过程中，显示 526 行 yield next(seq)出错，此时可以修改 Lib\site-packages\web 下的 utils.py 文件，把 yield next(seq)换成如下程序并保存为原文件。

```
try:
    yield next(seq)
except StopIteration:
    Return
```

重新运行实例代码将正常运行，在浏览器中访问 http://127.0.0.1:8080/，网页上会显示："Hello, World!"，证实 Web 服务器搭建成功，如图 5.14 所示。

图 5.14 Hello World 客户端

2. 静态页面的访问

html 保存时，要用 ASCII 编码（GBK），网页上的中文显示才正常，否则就是乱码。虽然这样真的非常不好！网络上各种传输，好多用的都是 UTF-8。

课堂任务

1. 掌握 Web 服务器的概念。
2. 掌握 web.py 的安装方法。
3. 掌握搭建 hello world 第一个 Web 服务器的方法。

探究活动

利用 Python 自带的包可以建立简单的 Web 服务器。在 DOS 里，在准备做服务器根目录的路径下，输入命令：python -m Web 服务器模块 [端口号，默认 8000]，启动服务器，例如，python -m http.server 8080（Python 3.x 版本）或 python -m SimpleHTTPServer 8080（Python 2.x 版本）。端口号不填的话默认是 8000，如图 5.15 所示。

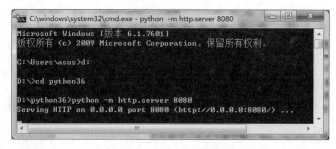

图 5.15 启动自带 Web 服务器

然后，就可以在浏览器中输入"http://localhost:端口号/路径"来访问服务器资源，例如，http://localhost:8080/index.htm（当然 index.htm 文件得自己创建），如图 5.16 所示。这里的 Web 服务器模块有 3 种：

（1）BaseHTTPServer。提供基本的 Web 服务和处理器类，分别是 HTTPServer 和 BaseHTTPRequestHandler。

（2）SimpleHTTPServer。包含执行 GET 和 HEAD 请求的 SimpleHTTPRequestHandler 类。

（3）CGIHTTPServer。包含处理 POST 请求和执行 CGIHTTPRequestHandler 类。

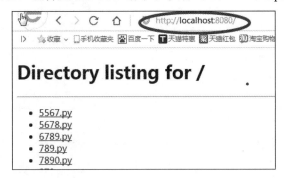

图 5.16　访问服务器资源

课堂练习

1. 利用 Python 实现简单的 http 服务器。

（1）服务端运行服务程序，使用 Spyder（Python 3.7）编写程序，参考代码如下。

```
import sys
from http import server
from http.server import SimpleHTTPRequestHandler
if sys.argv[1:]:
  port = int(sys.argv[1])
else:
  port = 8000
server_address = ('127.0.0.1', port)
httpd = server.HTTPServer(server_address, SimpleHTTPRequestHandler)
httpd.serve_forever()
```

（2）当服务端启动成功之后，在浏览器地址栏输入 127.0.0.1:8000，找出显示当前目录的文件，如图 5.17 所示。

图 5.17　运行结果

2．利用 Python 实现简单的 https 服务器。

（1）服务端运行服务程序，使用 Spyder（Python 3.7）编写程序，参考代码如下。

```
from http import server
from http.server import SimpleHTTPRequestHandler
import socket
import ssl
import sys
if sys.argv[1:]:
      port = int(sys.argv[1])
else:
      port = 8000
server_address = ("127.0.0.1", port)
context = ssl.SSLContext(ssl.PROTOCOL_TLS_SERVER)
#context.load_cert_chain("xxx.pem", "xxx.key")#自己添加
httpd = server.HTTPServer(server_address, SimpleHTTPRequestHandler)
httpd.socket = context.wrap_socket(httpd.socket, server_side = True)
httpd.serve_forever()
```

（2）在浏览器地址栏输入 127.0.0.1:8000，观察结果，发现问题请修改程序。

思维拓展

用 Python 语言开发一个简单的 Web 服务器和客户端。

提示：要求设计客户端程序 client.py 和 Web 服务器程序 server.py。测试时，先运行 Web 服务端程序，然后在局域网内的其他计算机上运行客户端程序，观察结果。

client.py 参考代码如下。

```
import socket
serverName = '127.0.0.1'
serverPort = 50008
clientSocket = socket.socket(socket.AF_INET, socket.SOCK_STREAM)
clientSocket.connect((serverName, serverPort))
print('Input the http request:')
sentence = ''
while True:
   tmp =input()
   sentence = sentence + tmp
   if(tmp==''):break
clientSocket.send(sentence)
receiveSentence = clientSocket.recv(1024)
print('From Server:', receiveSentence)
isEnd =input()
clientSocket.close()
```

server.py 服务端参考代码如下。

```
import socket
import os
serverPort = 50008
serverSocket = socket.socket(socket.AF_INET, socket.SOCK_STREAM)
```

```
serverSocket.bind(('127.0.0.1', serverPort))
serverSocket.listen(1)
print('The server is ready to receive')
while 1:
    connectionSocket, addr = serverSocket.accept()
    sentence = connectionSocket.recv(1024)
    ans = ''
    flag = False;
    for ch in sentence:
        if(ch == ' ' and flag ==True):break
        if(flag == True):
            ans = ans + ch;
        elif(ch==' '):
            flag = True;
    path = 'file//' + ans
    if(os.path.exists(path)==False):
        connectionSocket.send('404 Not Found')
    else:
        file = open( path, 'r')
        while 1:
            data = file.read(1024)
            if not data:break
            connectionSocket.send(data)
        file.close()
connectionSocket.close()
```

5.5 测试与打包

知识链接

1. Python 测试

当程序代码日趋复杂后，可以考虑采用专业测试工具测试代码，以发现潜在的 Bug 问题。这样做一是可以进一步保证所编写代码的质量，二是测试内容可以更加快速、全面。下面介绍 Python 自带的 doctest、unittest 测试工具模块。

doctest 模块功能偏弱，若需要提高测试效率，需要在该模块功能的基础上进行二次开发，以提高测试效率。unittest 模块相比 doctest 模块功能更加强大，使用过程更加专业和复杂。该模块其实提供了一整套测试框架，包括 TestLoad、TestSuite、TextTestRunner、TextTestResult 4 个基本类。其中，TestLoad 类加载测试用例，返回 TestSuite（测试套件）；TestSuite 类创建测试套件；TextTestRunner 类运行测试用例；TextTestResult 类提供测试结果信息。下面以 TestCase 类为例介绍用法。

首先，编写一个测试程序 mathfunc.py，代码如下。

```
def add(a, b):
    return a+b
def minus(a, b):
```

```
    return a-b
def multi(a, b):
    return a*b
def divide(a, b):
    return a/b
```

其次，编写一个测试程序 mathtest.py，代码如下。

```
import unittest
from mathfunc import *
class TestMathFunc(unittest.TestCase):
    def Test_add(self):
        self.assertEqual(3, add(1, 2))
        self.assertNotEqual(3, add(2, 2))

    def Test_minus(self):
        self.assertEqual(1, minus(3, 2))
        self.assertNotEqual(2, minus(3, 2))

    def Test_multi(self):
        self.assertEqual(3, multi(1, 3))
        self.assertNotEqual(2, multi(1, 3))
    def Test_divide(self):
        self.assertEqual(2, divide(4, 2))
        self.assertNotEqual(1, divide(4, 2))
if __name__ == "__main__":  #name 两边是双下画线，不是单下画线，否则出错
    unittest.main()
```

2. Python 打包

PyInstaller 是一个十分有用的第三方库，可以用来打包 Python 应用程序，打包完的程序就可以在没有安装 Python 解释器的机器上运行了。它能够在 Windows、Linux、Mac OS X 等操作系统下将 Python 源文件打包，通过对源文件打包，Python 程序可以在没有安装 Python 的环境中运行，也可以作为一个独立文件方便传递和管理。PyInstaller 支持 Python 2.7/3.4-3.7。可以在 Windows、Mac OS X 和 Linux 上使用，但是并不是跨平台的，而是说你要是希望打包成.exe 文件，需要在 Windows 系统上运行 PyInstaller 进行打包工作。

打包过程如下：

第一步：要先安装 PyInstaller。在 Windows 7 操作平台利用 CMD 命令进入 c:\users\asus>状态，录入 python -m pip install pyinstaller（或 pip install pyinstaller），安装成功之后才能进行下一步。

第二步：在要打包*.py 文件的同目录下，输入打包命令"pyinstaller -F 998.py"，打包成功，如图 5.18 所示。

其中，-F 表示打包成单独的.exe 文件，这时生成的.exe 文件会比较大，而且运行速度会较慢。仅仅一个 helloworld 程序，生成的文件就 5MB。另外，使用-i 还可以指定可执行文件的图标；-w 表示去掉控制台窗口，这在 GUI 界面时非常有用。不过如果是命令行程序，可把这个选项删除。PyInstaller 会对脚本进行解析，并做出如下动作。

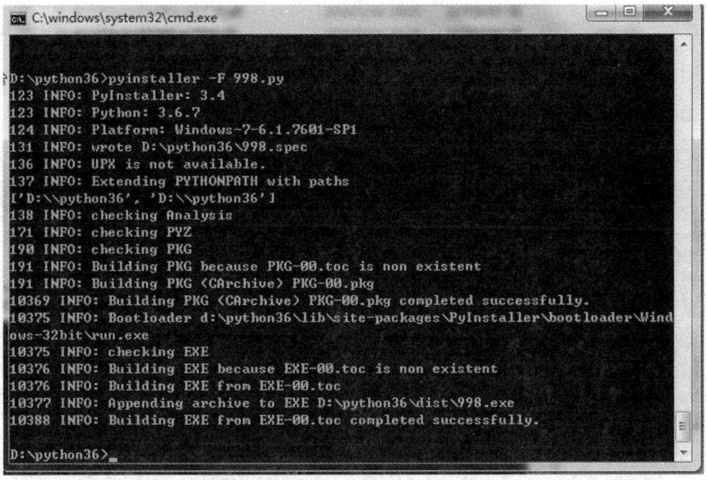

第 5 章 数据库及应用

图 5.18 998.py 打包成功操作界面

（1）在脚本目录生成 helloworld.spec 文件。
（2）创建一个 build 目录。
（3）写入一些日志文件和中间流程文件到 build 目录。
（4）创建 dist 目录。
（5）生成可执行文件到 dist 目录。

目前，网上能获取的免费 Python 打包工具主要有 3 种：py2exe、PyInstaller 和 cx_Freeze。除了 Python 自带的 PyInstaller 打包方法以外，还有 py2exe 和 cx_Freeze。笔者觉得 cxfreeze 比较简单，不容易出错。

cxfreeeze 有几种文件形式：msi 和 whl。msi 是安装包，直接双击运行，下载地址为 http://sourceforge.net/projects/cx-freeze/files/4.3.2/。whl 是 Python 安装包，安装格式：pip install whl 文件地址，下载地址为 https://www.lfd.uci.edu/~gohlke/pythonlibs/，安装后 cxfreeze 执行脚本在 python_home\Scripts。

安装方法如下：

（1）添加路径变量。如果在 CMD 不能使用 python 和 pip 命令，麻烦添加一下安装路径到环境变量，例如，添加 C:\Python36 与 C:\Python36\Scripts，如图 5.19 所示。

图 5.19 添加环境量

（2）打开 cmd 输入 python -m pip install cx_freeze（或 pip install cx_freeze），如果有问题就到 Python 安装目录下的 script 文件中，目前的版本默认安装了 pip。

（3）输入 python cxfreeze-postinstall，此时可以用 cxfreeze -h 验证是否成功，如图 5.20 所示。

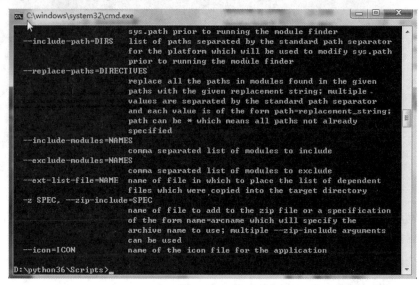

图 5.20　验证是否成功

（4）接下来就是打包*.py 成为*.exe 文件的操作过程。

课堂任务

1．掌握 Python 测试与打包的正确使用方法。
2．掌握 Python 自带打包封装工具 PyInstaller 的正确使用方法。
3．了解 cx_freeze 打包封装工具的安装办法
4．编写 setup.py 文件，并打包成可以执行的 setup.exe 文件。

探究活动

第一步：启动 Python，练习"知识链接"中所有例题，并总结相关测试、打包、打包工具安装等知识。

第二步：编写 setup.py 文件，并打包成可以执行的 setup.exe 文件。

首先，编写一个程序代码，以 setup.py 为名保存在指定的目录里，代码如下。

```
import mathdef showMsg(a):
    return a*a*a
a=10
print('%d的三次方是%d'%(a, showMsg(a)))
```

其次，发布安装包。进入要打包的文件同一个目录下，然后再输入 pyinstaller -F setup.py 进行发布安装包（打包），如图 5.21 所示。

第三步：练习使用 cx_freeze 安装方法，并使用它来打包 Python 程序成为 exe 文件。

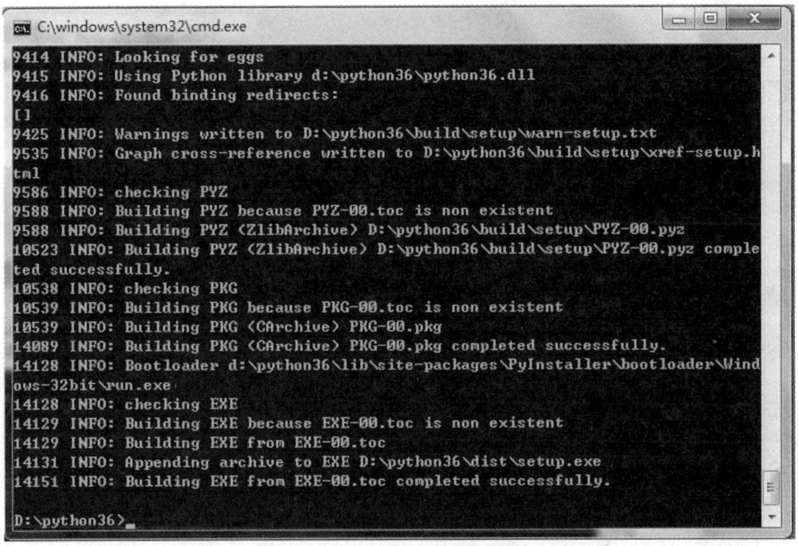

图 5.21　打包过程

课堂练习

1. 将你自己前几节课练习编写的 Python 程序打包成可以执行文件*.exe。
2. 总结归纳 Python 测试与打包方法。

思维拓展

通过本节学习 Python 打包工具操作，请你上网查找相关文献资料，学习打包工具 py2exe 的应用方法。请你谈谈 py2exe 的安装与打包方法，并举例说明。

5.6　实现购物车实例

知识链接

今天，我们来做一个购物车的程序，首先要厘清思路。购物车程序需要用到什么知识点，需要用到哪些循环；程序编写过程中考虑值的类型，是 int 型还是字符串；如果值为字符串，该怎么转成 int 型；用户如何选择商品，并把其加入购物车内（根据索引值）。

购物车流程：先输入自己的现金额，然后列出商品的名称和价格（用列表实现），再输入用户选择的商品（根据索引值）。此时判断你的现金金额是否足以支付商品的价格，如果是，则加入购物车；如果否，则提示余额不足，你可以无限制地购买商品（前提是钱足够）；如果不想购买，可以输入值结束循环。最后输出购买的商品及余额。

课堂任务

1. 复习相关列表的知识。
2. 结合实际，设计一款购物车程序。

探究活动

设计一款购物车的程序，先用列表及相关循环语句实现菜单式的购物车程序。

第一步：启动 Python 自带的编辑器、Spyder 或 PyCharm 编写代码，参考代码如下。

```
product_list=[
 ('Iphone',5800),
 ('Mac Pro', 9800),
 ('Bike', 800),
 ('Watch',10600),
 ('Coffee', 31),
 ('Lancy Python',20)
] #商品列表
shopping_list=[] #定义一个列表来存储已购商品
salary=input("请输入工资：")
if salary.isdigit(): #当输入的内容为数字
 salary=int(salary) #将输入的工资转换成 int 类型
 while True:
 #循环打印出所有商品列表，有两种写法，一般用下面一种
 # for item in product_list:
 # print(product_list.index(item), item)
   for index, item in enumerate(product_list): #enumerate()这个方法是取出列表下标
     print(index, item)
   user_choice=input("是否购买商品？如果要购买商品请输入商品编号：")
   if user_choice.isdigit(): #当输入的商品编号为数字
     user_choice=int(user_choice) #将输入的商品编号转换成 int 类型
     if user_choice<len(product_list) and user_choice>=0: #判断输入的商品编号是否存在
       p_item=product_list[user_choice] #根据商品下标取出所购买的商品
       if p_item[1]<=salary: #当商品的价格小于等于余额
         shopping_list.append(p_item) #将购买的商品存储到 shopping_list[]列表中
         salary-=p_item[1] #计算余额
         print("您购买的商品为%s,余额为%s,交易成功。"%(p_item, salary))
       else: #当商品的价格大于余额
         print("你的余额只剩[%s],余额不足不能成交。"%salary)
     else:
       print("该商品不存在！")
   elif user_choice=='q': #当输入的商品编号为 q 时，打印购买的商品和余额并退出程序
     print("--------以下是购买的商品--------")
     for p in shopping_list:
       print(p)
     print("您的余额为：", salary)
     exit()
   else:
print("该商品不存在！")
```

第二步：按 F5 键或按 RUN 运行，运行结果如图 5.22 所示。

第三步：打包成可执行文件.exe。

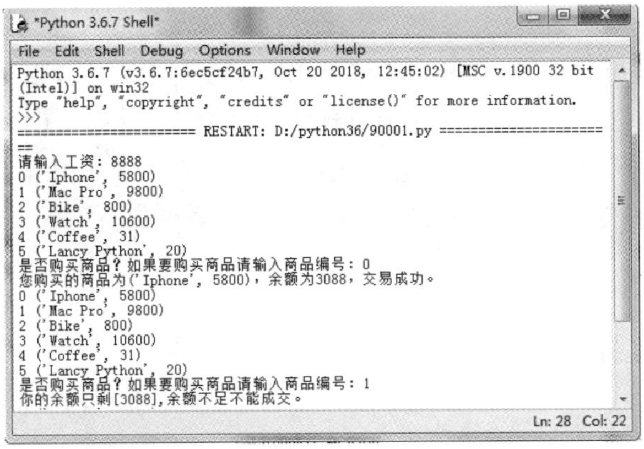

图 5.22　购物车程序运行结果

思维拓展

在本节课的购物车程序基础上，想办法改进，例如，界面不好看，能否改为图形界面。另外，这个购物车能否改为 B/S 模式，实现联网购物等。请你设计一款更适合商业使用的购物车平台软件。

5.7　Python+MySQL 学生成绩管理系统

知识链接

学生成绩管理系统包括数据库 MySQL 和 Python 编程两部分内容，通过 Python 编写指令调用数据库里的数据，实现对学生成绩的储存和管理功能。

1. MySQL-Python 的安装

这里所讲的 MySQL 安装，包括 MySQL 数据库的安装和 Python 对 SQL 的操作库文件包的安装。MySQL 数据库到官网下载并安装，并做适当的配置，然后下载 MySQL-Python 文件，并在 DOS 状态，输入"pip install 安装包"进行安装。

2. Python 编写通用数据库程序的 API 规范

（1）数据库连接对象 connection。建立 Python 客户端与数据库的网络连接，创建方法如下。

```
MySQLdb.Connect("host(MySQL 服务器地址)","user(用户名)"," passwd(密码)","db(数据库名称)", "port(MySQL 服务器端口号)", "charset(连接编码)")
```

其中，host(MySQL 服务器地址)，一般本地为 127.0.0.1，也可以直接使用 localhost。例如：

```
db=pymysql.connect(host="localhost", user="root", passwd="123456", db= "stusys", port=3306, charset="utf8")
```

其中，charset="utf8"，如果对数据表的字段属性值使用中文时要删除 charset="utf8"，否则，运行程序时会因只能接受英文而出错。

connection 的方法：cursor()，使用该连接并返回游标；commit()，提交当前事务；rollback()，

回滚当前事务；close()，关闭连接。

（2）数据库游标对象 cursor。在数据库操作中用于执行查询和获取结果，是一个很好工具。使用方法：execute(op[, args])，执行一个数据库查询和获取命令；fetchone()，取得结果集的下一行；fetchmany(size)，获取结果集的下几行；fetchall()，获取结果集中剩下的所有行；rowcount，最近一次 execute 返回数据的行数或影响行数；close()，关闭游标对象。

connection 相当于 Python 与 MySQL 之间的路，而 cursor 相当于路上的运输车来传送命令与结果。

3. 数据库操作的常见指令

数据库操作的常见指令如表 5.4 所示。

表 5.4 数据库操作的常见指令

指令	描述	实例
select	查询数据	sql="select * from 表名 所查项目"
update	更改数据	sql="updata 表名 set 所改项目"
insert	插入数据	sql="insert into 表名 所插项目"
delete	删除数据	sql="delete from 表名 所删项目"
where	定位列	通常是"where 表头=列名"来定位那一列

4. 事务

访问和更新数据库的一个程序执行单元，所执行的命令都可以称为事务。具有原子性、一致性、隔离性、持久性。事务执行：conn.commit()正常结束事务和 conn.rollback()异常结束事务。其中 conn.rollback()对事务进行回滚，若程序执行单元中的连续的操作在进行中出错，之前的操作还原。

5. 数据库简单操作过程

开始→创建 connection→获取 cursor→程序执行单元→关闭 cursor→关闭 connection→结束。

课堂任务

1. 通过学习"知识链接"，进一步掌握数据库的操作。
2. 通过 Python+MySQL 开发学生成绩管理系统。
3. 学习 MySQL 数据库配置方法。

探究活动

第一步：配置数据库服务器及数据库。

（1）安装 MySQL 数据库，要配置数据库链接，单击 Stored Connection 右侧的按钮，如图 5.23 所示。

（2）进入一个创建链接界面，如图 5.24 所示。

（3）设置数据库服务器的链接名称、用户名、登录密码、服务器地址等信息，如图 5.25 所示。设置完成之后，单击 Aapply 按钮提交，就可以退出来，用刚才设置的用户名和密码重新登录数据库服务器。

第 5 章　数据库及应用

图 5.23　配置数据库

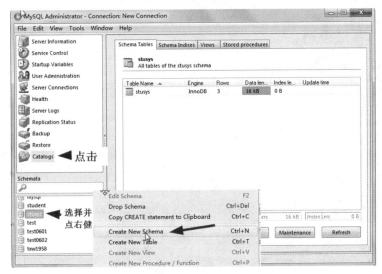

图 5.24　创建链接

（4）手工创建数据库。按如图 5.25 所示进行操作，弹出如图 5.26 所示对话框，输入所创建的数据库名称 student 之后，单击 OK 按钮完成。

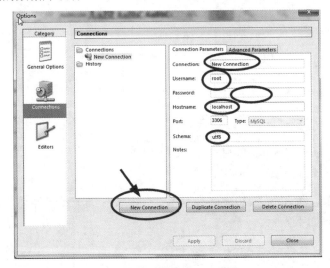

图 5.25　创建数据库 student

图 5.26　创建数据库名称 student

（5）手工创建一张数据表 stusys。如图 5.27 所示，首先单击 student 数据库名称，然后再单击 Create Table 按钮，在弹出的窗口中创建一张数据表 stusys，如图 5.28 所示。

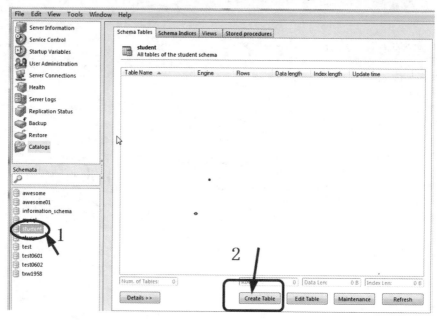

图 5.27　创建数据表

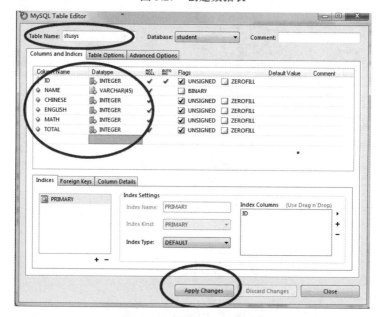

图 5.28　配置 stusys 数据表

第二步：启动 PyCharm 或 Spyder（Python 3.7），进入程序设计。设计细节不再详述，参考程序代码里有注解。参考程序代码如下。

```
import pymysql
import re
#设置输错数字重新输入
```

```python
def idinput(string):
    ID = input(string)
    pattern = re.compile("^\d{1, 3}$")
    while not re.match(pattern, ID):
        ID = input("请输入1~3位整数:")
    return ID
#增加学生
def appendStudentInfo():
    ID =idinput("请输入学生学号：")
    db=pymysql.connect(host="localhost", user="root", passwd="123456", db="student", port=3306)
    cursor=db.cursor()
    sql = "select * from StuSys where ID = '%s'" % ID
    cursor.execute(sql)
    while cursor.rowcount > 0 :
        ID = idinput("该学号已存在，请重新输入：")
        sql = "select * from StuSys where ID = '%d'" % int(ID)
        cursor.execute(sql)

    name=input("请输入学生姓名:")
    chinese=input("请输入语文成绩：")
    while not chinese.isdigit() or int(chinese)>100 or int(chinese)<0:
        chinese = input("输入错误，请重新输入：")
    math =input("请输入数学成绩：")
    while not math.isdigit() or int(math) > 100 or int(math) < 0:
        math = input("输入错误，请重新输入：")
    english=input("请输入英语成绩：")
    while not english.isdigit() or int(english) > 100 or int(english) < 0:
        english = input("输入错误，请重新输入：")
    total=int(chinese)+int(math)+int(english)
    sql="""INSERT INTO StuSys(ID,
        NAME, CHINESE, ENGLISH, MATH, TOTAL)
        VALUES (%s, %s, %s, %s, %s, %s)"""
    cursor.execute(sql, (ID, name, Chinese, English, math, total))
    db.commit()
    db.close()
#删除学生信息
def delstudent():
    delstudentid = idinput("请输入要删除的学生学号：")
    if querystudent(delstudentid):
        select = input("是否删除：是(Y)/否（N）")
        if select == "Y" or select == "y":
            db = pymysql.connect(host="localhost", user="root", passwd="123456", db="student", port=3306)
            cursor = db.cursor()
            sql = "delete from stusys where ID =%s" %delstudentid
            cursor.execute(sql)
            db.commit()
            db.close()
            print("删除成功")
        elif select == "N" or select == "n":
```

```python
            print("取消删除")
        else:
            print("输入错误")
    #查询学生
def querystudent(querystudentid):
    db=pymysql.connect(host="localhost", user="root", passwd="123456", db="student", port=3306)
    cursor=db.cursor()
    sql="select * from stusys where ID=%s"%querystudentid
    cursor.execute(sql)
    if cursor.rowcount ==0 :
        print("不存在该学生信息")
        return False
    else:
        print("该学生信息如下：")
        results =cursor.fetchall()
        print("ID=%d, NAME=%s, CHINESE=%d, ENGLISH=%d, MATH=%d, TOTAL=%d" % \
         (results[0][0],results[0][1],results[0][2],results[0][3],results[0][4],results[0][5]))
        return True
    #修改学生信息
def modifystudentifo():
    modifyid = idinput("请输入要的学生学号：")
    if  querystudent(modifyid):
        name = input("请重新输入学生姓名：")
        chinese = input("请重新输入语文成绩：")
        while not chinese.isdigit() or int(chinese) > 100 or int(chinese) < 0:
            chinese = input("输入错误，请重新输入：")
        math = input("请重新输入数学成绩：")
        while not math.isdigit() or int(math) > 100 or int(math) < 0:
            math = input("输入错误，请重新输入：")

        english = input("请重新输入英语成绩：")
        while not english.isdigit() or int(english) > 100 or int(english) < 0:
            english = input("输入错误，请重新输入：")
        total = int(chinese) + int(math) + int(english)
        db = pymysql.connect(host="localhost", user="root", passwd="123456", db="student", port=3306)
        cursor = db.cursor()
        sql1="update stusys set name ='%s' where id = %s"%(name, modifyid)
        cursor.execute(sql1)
        sql2="update stusys set math = %s where id = %s"%(math, modifyid)
        cursor.execute(sql2)
        sql3 = "update stusys set english = %s where id =%s"%(English, modifyid)
        cursor.execute(sql3)
        sql4 = "update stusys set total = %s where id = %s"%(total, modifyid)
        cursor.execute(sql4)
        sql5 = "update stusys set chinese = %s where id = %s"%(Chinese, modifyid)
        cursor.execute(sql5)
        db.commit()
        db.close()
```

```python
#列出全部学生
def allinfo():
    db=pymysql.connect(host="localhost", user="root", passwd="123456", db="student", port=3306)
    cursor=db.cursor()
    sql="select * from stusys"
    cursor.execute(sql)
    results= cursor.fetchall()
    for row in results:
        ID = row[0]
        NAME = row[1]
        CHINESE = row[2]
        ENGLISH = row[3]
        MATH = row[4]
        TOTAL = row[5]
        #打印结果
        print("ID=%d, NAME=%s, CHINESE=%d, ENGLISH=%d, MATH=%d, TOTAL=%d" % \
            (ID, NAME, CHINESE, ENGLISH, MATH, TOTAL))
#主程序
def studentMenu():
    print("="*30)
    print("学生管理系统")
    print("1.添加学生信息")
    print("2.删除学生信息")
    print("3.查询学生信息")
    print("4.修改学生信息")
    print("5.全部学生信息")
    print("6.退出")
    print("="*30)
if __name__ == '__main__':
    while True:
        studentMenu()
        menuindex = input("请输入选项序号：")
        while not menuindex.isdigit():
            menuindex = input("输入错误，请重新输入：")
        if int(menuindex) ==1:
            appendStudentInfo()
        elif int(menuindex) ==2:
            delstudent()
        elif int(menuindex) ==3:
            querystudentid = idinput("请输入要查询的学生学号：")
            querystudent(querystudentid)
        elif int(menuindex) ==4:
            modifystudentifo()
        elif int(menuindex) == 5:
            allinfo()
        elif int(menuindex) == 6:
            break
        else:
            print("输入序号无效")
```

第三步：测试完毕，以"××学校学生成绩管理系统"为名称打包成可执行文件.exe。方法参考 5.5 节。

思维拓展

在探究活动环节，已经完成一套学生成绩管理系统的开发，但界面不美观，能不能把这个项目继续完善，改为 Web 形式，构建一套 B/S 结构的学生成绩管理系统。请你查阅相关知识，完成基于 Web 的 B/S 结构的学生成绩管理系统。

本章学习评价

完成下列各题，并通过完成本章的知识链接、探究活动、课堂练习、思维拓展等，综合评价自己在知识与技能、解决实际问题的能力以及相关情感态度与价值观的形成等方面，是否达到了本章的学习目标。

1. 图形用户界面是指采用＿＿＿＿显示的计算机操作用户界面。
2. 目前，市面上 Python GUI 框架比较多，常见的有＿＿＿＿。
3. Python 测试是指＿＿＿＿。常用工具有＿＿＿＿。
4. Python 打包是指＿＿＿＿。常用工具有＿＿＿＿。
5. Python 打包过程：＿＿＿＿。
6. 进程是指＿＿＿＿。
7. 线程测试是指＿＿＿＿。
8. 数据库是指＿＿＿＿。
9. 数据表是指＿＿＿＿。
10. 安装配置数据库服务步骤：＿＿＿＿。
11. 创建数据库步骤：＿＿＿＿。
12. 创建数据表步骤：＿＿＿＿。
13. 数据库简单操作过程：＿＿＿＿。
14. SQL 数据库常用操作：＿＿＿＿。
15. 安装 web.py 的过程：＿＿＿＿。
16. 本章对你启发最大的是＿＿＿＿。
17. 你还不太理解的内容有＿＿＿＿。
18. 你还学会了＿＿＿＿。
19. 你还想学习＿＿＿＿。

第 6 章　大数据应用

进入人工智能时代，人类产生的数据爆炸式地增长，每过一年，全球几千年所积累的数据总量就会翻一番，这种现象就叫"大数据"。大数据为什么要选择 Python？

众所周知，大数据用于决策辅助，但并不是所有的企业都能自己生产数据，更多地是靠爬虫来抓取互联网大数据进行分析诊断，形成自己企业的智能决策。Python 的优势在于资源丰富，拥有坚实的数值算法、图标和数据处理基础设施，建立了非常良好的生态环境。这些特点到了 AI 领域中，就成了 Python 的强大优势。Python 也借助 AI 和数据科学，攀爬到了编程语言生态链的顶级位置。

本章通过 Python 爬虫程序设计与实现，以爬取 Excel 数据分析处理过程为例，体验大数据获取、分析、处理等应用过程，揭开人工智能大数据应用开发的神秘面纱。

本章主要知识点：

- 对 Excel 文件操作
- 爬取 Excel 数据
- Python 数据处理
- 简单爬虫
- 网络爬虫
- 网络词云处理

6.1　爬取 Excel 表格数据

知识链接

本节我们一起来探索一下用 Python 怎么操作 Excel 文件。Python 读写 Excel 的方式有很多，不同的模块在读写的讲法上稍有区别。例如，用 xlrd 和 xlwt 进行 Excel 读写，用 openpyxl 进行 Excel 读写，用 pandas 进行 Excel 读写等。与 Word 文件的操作库 python-docx 类似，Python 也有专门的库为 Excel 文件的操作提供支持，这些库包括 xlrd、xlwt、xlutils、openpyxl、xlsxwriter 几种。其中 xlrd 和 xlwt 处理的是.xls 文件，单个 sheet 最大行数是 65535，如果有更大需要，建议使用 openpyxl 函数，最大行数可达 1048576。在使用 xlrd 和 xlwt 处理.xlsx 文件时，如果数据量超过 65535 行，就会遇到：ValueError: row index was 65536, not allowed by .xls format。

在 Python 库中没有内置 xlrd 和 xlwt，因此，使用前必须安装 xlrd（用于读 Excel）、 xlwt（用于写 Excel）、xlutils（处理 Excel 的工具箱）等库文件。安装方法如下。

```
pip install xlwt;
pip install xlutils;
pip install xlrd.
```

Python 利用系统命令获取文件（夹）信息，主要是采用 os 模块与 os.path 模块。其中 os 模块的常用属性如表 6.1 所示。os.path 模块的属性如表 6.2 所示。

表 6.1 os 模块的属性及描述

属　　性	描　　述
os.sep	可以取代操作系统特定的路径分割符
os.name	字符串指示你正在使用的平台
os.linesep	字符串给出当前平台使用的行终止符
os.getcwd()	得到当前工作目录，即当前 Python 脚本工作的目录路径
os.getenv()和 os.putenv()	分别用来读取和设置环境变量
os.listdir()	返回指定目录下的所有文件和目录名
os.remove()	用来删除一个文件
os.system()	用来运行 shell 命令，或者是 Windows 下的 cmd 命令
os.curdir	返回当前目录（'.'）
os.chdir(dirname)	改变工作目录到 dirname

表 6.2 os.path 模块的属性及描述

属　　性	描　　述
os.path.normpath(path)	规范 path 字符串形式，例如，path='d:\some_path'，返回'd:\\some_path'
os.path.split(name)	分割文件名与目录
os.path.join(path, name)	连接目录与文件名或目录
os.path.dirname(path)	返回文件路径
os.path.isdir(name)	判断 name 是不是一个目录，name 不是目录就返回 False
os.path.isfile(name)	判断 name 是不是一个文件，不存在 name 也返回 False
os.path.exists(name)	判断是否存在文件或目录 name
os.path.getsize(name)	获得文件大小，如果 name 是目录返回 0
os.path.abspath(name)	获得绝对路径

Python 对 Excel 的简单操作，是将文件中的每一行按分隔符'\t'分成若干列，然后存到 Excel 的对应单元格中，操作如表 6.3 所示。

表 6.3 Python 对 Excel 的简单操作

操　　作	实　　例
建立 Excel 文件	w = workbook()
插入一个 sheet	ws = w.add_sheet('hey, dude')
在 sheet 中的某个单元格（第 i 行，第 j 列，i 和 j 都从 0 开始）加入内容	ws.write(i, j, value)
保存 Excel 文件	w.save('mini.xls')

课堂任务

设计一组程序对某学校历年信息技术学科的成绩表（Excel）文件进行读写操作，并采用 openpyxl 进行数据的查询与获取。

探究活动

第一步：安装 Python 的 xlrd（用于读 Excel）、xlwt（用于写 Excel）、xlutils（处理 Excel

的工具箱）和 openpyxl 库，方法如下。

```
pip install xlwt;
pip install xlutils;
pip install xlrd;
pip install openpyxl.
```

第二步：在 D 盘创建一个文件夹 score，复制信息技术学科的成绩文件 13.xlsx 存入 score 文件夹中。

第三步：启动 Spyder 或 PyCharm，在编辑器里输入以下程序代码。

```python
import os
import numpy as np
from openpyxl import load_workbook
class MxlsxWB:
    def init(self, workpath=os.getcwd(), filename=None):
        self.workpath = workpath            #默认在当前目录
        self.filename = filename
    #设置工作目录
    def set_path(self, workpath):
        self.workpath = workpath
        os.chdir(self.workpath)
    #设置文件名
    def set_filename(self, filename=None):
        self.filename = filename
    #获取文件基本信息
    def get_fileinfo(self):
        print(self.filename)
        print("=" * 30, "文件信息", "=" * 30)    #分割线
        self.wb = load_workbook(filename=self.filename)
        self.sheetnames = self.wb.sheetnames
      print("文件" + self.filename + "共包含", len(self.sheetnames), "工作表")
        print("表名为：", end=" ")
        for name in self.sheetnames:
            print(name, end=" ")
        print("\n")
        print("=" * 30, "文件信息结束", "=" * 30)   #分割线
    #选择工作表
    def choose_sheet(self, sheetname=None):
        if sheetname == None:
            self.sheetname =self.sheetnames[0]
        else:
            self.sheetname = sheetname
        self.worksheet = self.wb[self.sheetname]
    #获取工作表基本信息
    def get_sheetinfo(self):
        print("=" * 30, self.sheetname, "=" * 30)   #分割线
        self.num_of_rows = len(list(self.worksheet.rows))
        self.num_of_cols = len(list(self.worksheet.columns))

        print("行数：", self.num_of_rows)
        print("列数：", self.num_of_cols)
```

```python
            print("列名: ", MxlsxWB.get_rowdata(self, rownum=1))

            print("=" * 30, self.sheetname, "=" * 30)  #分割线
    #获取工作表的总行数
    def get_rows_of_sheet(self):
        return len(list(self.worksheet.rows))
    #获取工作表的总列数
    def get_cols_of_sheet(self):
        return len(list(self.worksheet.columns))
    #获取具有某个字符串的行号
    def get_row_number_of_sheet(self, rownum, col_name):
        for row in self.worksheet.iter_rows(min_row=1, max_row=rownum, max_col=self.num_of_cols):
            for cell in row:
                if cell.value == col_name:
                    return cell.row
    #获取具有某个字符串的列号
    def get_col_number_of_sheet(self, rownum, col_name):
        for row in self.worksheet.iter_rows(min_row=1, max_row=rownum, max_col=self.num_of_cols):
            for cell in row:
                if cell.value == col_name:
                    return cell.col_idx
    '''
    基于openpyxl进行数据的查询与获取
    '''
    #获取单行数据
    def get_rowdata(self, rownum):
        rowdata = []
        for row in self.worksheet.iter_rows(min_row=rownum, max_row=rownum, max_col=self.num_of_cols):
            for cell in row:
                rowdata.append(cell.value)
        print(rowdata)
        return rowdata
    #获取单列数据
    def get_coldata(self, colnum):
        coldata = []
        for col in self.worksheet.iter_cols(min_col=colnum, max_col=colnum, max_row=self.num_of_cols):
            for cell in col:
                coldata.append(cell.value)
        return coldata
    #获取单列数据(指定开始、结束行)
    def get_coldata(self, colnum, minrow, maxrow):
        coldata = []
        for col in self.worksheet.iter_cols(min_col=colnum, max_col=colnum, min_row=minrow, max_row=maxrow):
            for cell in col:
                coldata.append(cell.value)
        print(coldata)
        return coldata
```

```
    #获取特定区域数据
    def get_areadata(self, min_row, max_row, min_col, max_col):
        print("=" * 30, "区域数据", "=" * 30)     #分割线
        #创建空的（全为0）矩阵，数据类型指定为str
        areadata = np.matrix(np.zeros((max_row - min_row + 1, max_col - min_col + 1)), dtype=str)
        for col in self.worksheet.iter_cols(min_row=min_row, max_row=max_row, min_col=min_col, max_col=max_col):
            for cell in col:
                col_index = cell.col_idx
                row_index = cell.row
                areadata[row_index-min_row, col_index-min_col] = cell.value
        print(areadata)
        print("=" * 30, "区域数据", "=" * 30)                #分割线
        return areadata
Demo = MxlsxWB()
Demo.set_filename('scores/13.xlsx')
Demo = MxlsxWB(filename='scores/13.xlsx')
Demo.get_fileinfo()
Demo.choose_sheet('Sheet1')
Demo.get_sheetinfo()
Demo.get_areadata(5, 7, 1, 9)
```

第四步：按 RUN 运行，结果如图 6.1 所示。

图 6.1　程序运行结果

6.2　Python 爬取 Excel 数据

知识链接

很多学校保存了大量考试成绩表，这些成绩表大多以 Excel 格式存储，如何爬取这些数据，通过分析找出规律，协助学校决策？作为一名程序员，当然要用程序来处理。一般情况

下,Python 采用 openpyxl 库对 Excel 进行读写操作。

openpyxl 库主要用到 3 个概念:workbooks、sheets、cells。workbook 就是一张 Excel 工作表;sheet 是工作表中的一张表页;cell 就是简单的一个格。下面以 openpyxl 为例介绍使用方法。

首先,openpyxl 并不是 Python 3 预装的库,需要我们手动安装,打开命令行窗口输入 pip install openpyxl 就可以了。

其次,读取数据时,通过 import 语句导入。例如,from openpyxl import load_workbook。

以上是 openpyxl 库的安装及使用方法,下面给出操作 Excel 文件的一般步骤。

(1)打开或者创建一张 Excel 表:需要创建一个 workbook 对象,其中打开一张 Excel 表所采用的是 load_workbook 方法,而创建一张 Excel 表则直接通过实例化类 workbook 来完成。例如,wb = load_workbook("template.xlsx")。

(2)获取一张工作表:需要先创建一个 workbook 对象,然后使用该对象的方法来得到一个 worksheet 对象。例如,sheet = wb.get_sheet_by_name("Sheet3")。

(3)如果要获取表中的数据,需要先得到一个 worksheet 对象,再从中获取代表单元格的 cell 对象。例如,sheet["E1"].value = "=SUM(A:A)"。

总之,openpyxl 就是围绕着 workbooks、sheets、cells 3 个概念进行的,不管读写都是"三板斧":打开 workbook,定位 sheet,操作 cell。

课堂任务

以某学校的信息技术学科历年成绩为例,设计一组程序实现 Python 获取 Excel 表格数据信息。

探究活动

第一步:安装 Python 的 3 个库文件。在 6.1 节里已经安装,在此省略。

第二步:在 D 盘创建一个文件夹 score,把历年来的信息技术期末考试成绩以 Excel 格式存于 score 文件夹中,用来被读取数据用。

第三步:启动 Spyder 或 PyCharm,在编辑页面输入以下程序代码。

```
#获取信息技术的成绩
from mxlsxwb import MxlsxWB
import numpy as np
class DiscreteMath:
    xlsxwb = MxlsxWB()
    #构造函数
    def __init__(self):
        self.min_row = 1                            #初始化最小行号
        self.max_row = 1                            #初始化最大行号
    #改变读取的表格
    def set_path(self, workpath):
        self.xlsxwb.set_filename(workpath)          #改变文件名
        self.xlsxwb.get_fileinfo()                  #装载文件
        self.xlsxwb.choose_sheet('Sheet1')          #设置读取的表格
        self.xlsxwb.get_sheetinfo()                 #获取表格的行数、列数
    #获取成绩数据区的第一行
    def get_first_row_of_data(self):
```

```python
        self.min_row= self.xlsxwb.get_row_number_of_sheet(self.xlsxwb.get_rows
_of_sheet(), '学号')
        self.min_row += 1                       #数据区从下一行开始
        # print(self.min_row)
    #获取成绩数据区的最后一行
    def get_last_row_of_data(self):
        self.max_row = self.xlsxwb.get_row_number_of_sheet(self.xlsxwb.get_
rows_of_sheet(), '考试/考查成绩统计')
        self.max_row -= 2                       #数据区最后一行是从找到的行号中减去 2 行
        # print(self.max_row)
    #获取某个成绩的数据
    def get_col_of_data(self, col_name):
        self.get_first_row_of_data()            #获取数据区的第一行
        self.get_last_row_of_data()             #获取数据区的最后一行
        #获取该成绩所在的列号
        col = self.xlsxwb.get_col_number_of_sheet(self.xlsxwb.get_rows_of_
sheet(), col_name)
        return self.xlsxwb.get_coldata(col, self.min_row, self.max_row)
    #成绩统计
    def histogram_of_data(self, col_data):
        #对空值的处理
        if col_data is None:
            return None
        col_data.sort()                         #排序数据
        new_data = np.zeros(100, int)           #创建大小为 100 的全 0 数组
        for x in col_data:
            #统计该成绩的人数
            if int(x) > 0:
                new_data[int(x)] += 1
        # print(new_data)
        return new_data
#读取主程序
Demo = DiscreteMath()
Demo.set_path('scores/13.xlsx')
Demo.get_first_row_of_data()
Demo.get_last_row_of_data()
print(Demo.get_col_of_data('平时'))
```

第四步：按 RUN 运行，结果如图 6.2 所示。

```
=========================== 文件信息结束 ===========================
=========================== Sheet1 ===========================
行数： 79
列数： 16
['广州市第七十一中学2013-2014学年第2学期成绩登记表', None, None, None, None, None,
None, None, None, None, None, None, None, None, None, None]
列名： ['广州市第七十一中学2013-2014学年第2学期成绩登记表', None, None, None,
None, None, None, None, None, None, None, None, None, None, None, None]
=========================== Sheet1 ===========================
['92', '95', '98', '93', '98', '93', '89', '98', '94', '97', '96', '95', '80',
 '93', '95', '97', '94', '93', '95', '93', '91', '98', '92', '95', '90', '89',
 '86', '90', '92', '90', '96', '90', '93', '96', '89', '99', '94', '92', '90',
 '88', '96', '89', '97', '95', '94', '98', '97', '99', '93', '92', '93', '99',
 '95', '96', '93', '90', '99', '97', '90']
['92', '95', '98', '93', '98', '93', '89', '98', '94', '97', '96', '95', '80',
 '93', '95', '97', '94', '93', '95', '93', '91', '98', '92', '95', '90', '89',
 '86', '90', '92', '90', '96', '90', '93', '96', '89', '99', '94', '92', '90',
 '88', '96', '89', '97', '95', '94', '98', '97', '99', '93', '92', '93', '99',
 '95', '96', '93', '90', '99', '97', '90']
```

图 6.2　程序运行结果

课堂练习

1. 修改 score 中的 Excel 文件名，再进行测试，观察结果，如发现异常，找出原因之后，再改回原来的名字。
2. 修改 Excel 表内的字段名，看看运行有何变化？为什么？

思维拓展

通过本节课的学习，探究了 Python 对 Excel 格式文件数据的爬取，能否使用同样的方式爬取像文本、SQL、Web 等类型的数据呢？请你设计一组相关程序。

6.3　Python 数据处理

知识链接

Microsoft Excel 是一个使用非常广泛的电子表格程序。它的用户友好性和吸引人的功能使其成为数据科学中常用的工具。在 Python 中，对 Excel 进行大数据分析离不开 Matplotlib 库和 pandas 库。

1. Matplotlib 库

Matplotlib 库提供了一些绘图工具，使用最多的还是基本图表绘制函数 plt.plot()，可以为数据分析提供各种类的图表，方便大数据分析。图表绘制相关函数及描述如表 6.4 所示。

表 6.4　plt.plot()绘图函数

函　　数	描　　述
plt.plot(x, y, fmt,…)	绘制一幅坐标图
plt.boxplot(data, notch, position)	绘制一幅箱型图
plt.bar(left, height, width, bottom)	绘制一幅条形图
plt.barh(width, bottom, left, height)	绘制一幅横向条形图
plt.polar(theta, r)	绘制极坐标图
plt.pie(data, explode)	绘制饼图
plt.psd(x, NFFT=256, pad_to, Fs)	绘制功率谱密度图
plt.specgram(x, NFFT=256, pad_to, F)	绘制谱图
plt.cohere(x, y, NFFT=256, Fs)	绘制 X-Y 的相关性函数
plt.scatter(x, y)	绘制散点图，其中，x 和 y 长度相同
plt.step(x, y, where)	绘制步阶图
plt.hist(x, bins, normed)	绘制直方图
plt.contour(X, Y, Z, N)	绘制等值图
plt.vlines()	绘制垂直图
plt.stem(x, y, linefmt, markerfmt)	绘制柴火图
plt.plot_date()	绘制数据日期

2. pandas 库

Python Data Analysis Library 或 pandas 是基于 NumPy 的一种工具，该工具是为了解决数

据分析任务而创建的。pandas 纳入了大量库和一些标准的数据模型，提供了高效地操作大型数据集所需的工具，能使我们快速便捷地处理数据。pandas 库提供了一些功能，我们可以使用该功能完整地读取 Excel 文件，也可以只读取选定的一组数据，还可以读取其中包含多张工作表的 Excel 文件。另外，在使用中除 6.1 节安装的 3 个包文件外，还要安装 Pands 库，安装命令是：pip install pandas。

（1）读取 Excel 主要通过 read_excel 函数实现，除了 pandas 还需要安装第三方库 xlrd，例如：

```
import pandas as pd
excel_path = 'example.xlsx'
d = pd.read_excel(excel_path, sheetname=None)
print(d['sheet1'].example_column_name)
```

（2）写入 Excel 主要通过 pandas 构造 DataFrame，调用 to_excel 方法实现，例如：

```
import pandas as pd
writer = pd.ExcelWriter('output.xlsx')
df1 = pd.DataFrame(data={'col1':[1,1], 'col2':[2,2]})
df1.to_excel(writer,'Sheet1')
writer.save()
```

课堂任务

6.2 节 Python 实现将某学生历年来信息技术学科的成绩从 Excel 数据表中读取出来，现在要对这些数据进行分析，请你设计一组 Python 程序对 Excel 表的数据进行分析，并绘制直方图表示数据趋势。

探究活动

第一步：安装 Python 的 3 个库文件。在 6.1 节里已经安装，在此省略。

第二步：在 D 盘创建一个文件夹 score，把历年来的 Excel 文件复制到该文件夹中，用来被读取数据。

第三步：启动 Spyder 或 PyCharm，在编辑区里输入以下程序代码。

```
#对信息技术成绩的分析
import matplotlib.pyplot as plt          #使用绘图模块
import numpy as np
from discrete_score import DiscreteMath
dm = DiscreteMath()                       #实例化一个
#获取某个文件某个时间段的成绩
def get_scores(filename, col_name):
    dm.set_path(filename)                 #设置 Excel 文件名
    scores = dm.get_col_of_data(col_name) #获取成绩列表
    return dm.histogram_of_data(scores)   #返回成绩直方图
#获取某个元素在数组中的坐标
def find_index(arr, elm):
    i = 0
    for item in arr:
        if item == elm:
            return i
```

```python
        i += 1
    return -1
#文件名
file_names = ['scores/13.xlsx', 'scores/14.xlsx', 'scores/15a.xlsx', 'scores/15b.xlsx', 'scores/16a.xlsx', 'scores/16b.xlsx', 'scores/17a.xlsx', 'scores/17b.xlsx']
file_names = ['scores/15a.xlsx', 'scores/15b.xlsx']   #分析两个班的成绩
classes = ['15A', '15B']                              #班别
colors = ['b', 'r']                                   #柱子的颜色
term_name = '期末'                                    #获取哪个时间段的成绩
#获取成绩并绘制
index = np.arange(100)                                #包含每个柱子下标的序列
width = 0.25                                          #柱子的宽度
fig, ax = plt.subplots()                              #实例化绘图
opacity = 0.9                                         #透明度
for fn in file_names:
    term_scores = get_scores(fn, term_name)           #获取该时间段的成绩
    idx = find_index(file_names, fn)                  #查找班级所在的下标
    if idx == -1:
        continue
    #绘制直方图
    ax.bar(index + idx * width, term_scores, width=width, alpha=opacity, label=classes[idx], color=colors[idx])
ax.set_xlabel('Score')                                #设置X轴标签
ax.set_ylabel('Persons')                              #设置Y轴标签
ax.set_title('The scores compared between two classes')   #设置标题
ax.legend(loc='upper left')                           #绘制图例框
fig.tight_layout()                                    #紧凑布局
plt.show()                                            #显示绘图
```

第四步：按 RUN 运行，结果如图 6.3 所示。

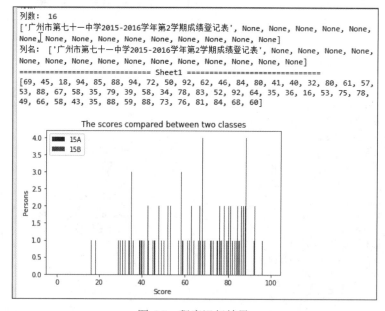

图 6.3　程序运行结果

课堂练习

1. 修改 Score 中 Excel 表中的成绩，再运行一次，观察直方图如何变化。
2. 从直方图中分析数据，得出怎样的结论？

思维拓展

1. 请你把本节课的大数据分析直方图改为柱形图或饼图表示，如果能使用 3D 图形表示更好。
2. 请改写本探究活动项目程序，改用 pandas 读写 Excel 数据。

6.4 简 单 爬 虫

知识链接

网络爬虫，也叫网络蜘蛛（Web Spider）。它根据网页地址（URL）爬取网页内容，而网页地址就是我们在浏览器中输入的网站链接。在讲解爬虫内容之前，我们需要先学习一项写爬虫的必备技能：审查元素。（如果已掌握，可跳过此部分内容）

在浏览器的地址栏输入 URL 地址，在网页处右击，找到"检查"（不同浏览器的叫法不同，Chrome 浏览器叫作"检查"，Firefox 浏览器叫作"查看元素"，但是功能都是相同的）。浏览器就是作为客户端从服务器端获取信息，然后将信息解析，并展示给我们。我们可以在本地修改 HTML 信息，为网页"整容"，但是我们修改的信息不会回传到服务器，服务器存储的 HTML 信息不会改变。

网络爬虫的第一步就是根据 URL，获取网页的 HTML 信息。在 Python 3 中，可以使用 urllib.request 和 requests 进行网页爬取。urllib 库是 Python 内置的，无须我们额外安装，只要安装了 Python 就可以使用这个库。但是 requests 库是第三方库，需要我们自己安装。requests 库强大好用，所以本文使用 requests 库获取网页的 HTML 信息。requests 库的 github 地址为 https://github.com/requests/requests。

repuests 库安装方法：在 DOS 状态下输入 pip install requests 或 easy_install requests。requests 库的基础方法如表 6.5 所示。

表 6.5 requests 库的基础方法

方 法	说 明
requests.request()	构造一个请求，支撑以下各方法的基础方法
requests.get()	获取 HTML 网页的主要方法，对应于 HTTP 的 GET
requests.head()	获取 HTML 网页头信息的方法，对应于 HTTP 的 HEAD
requests.post()	向 HTML 网页提交 POST 请求的方法，对应于 HTTP 的 POST
requests.put()	向 HTML 网页提交 PUT 请求的方法，对应于 HTTP 的 PUT
requests.patch()	向 HTML 网页提交局部修改请求，对应于 HTTP 的 PATCH
requests.delete()	向 HTML 网页提交删除请求，对应于 HTTP 的 DELETE

首先，让我们看下 requests.get()方法，它用于向服务器发起 GET 请求，不了解 GET 请求

没有关系，我们可以这样理解：get 的中文意思是得到、抓住，那 requests.get()方法就是从服务器得到、抓住数据，也就是获取数据。让我们看一个例子（以 www.gitbook.cn 为例）来加深理解。

```
# -*- coding:UTF-8 -*-
import requests
if __name__ == '__main__':
    target = 'http://gitbook.cn/'
    req = requests.get(url=target)
    print(req.text)
```

requests.get()方法必须设置的一个参数就是 url，因为我们得告诉 GET 请求，我们的目标是谁，我们要获取谁的信息。程序运行结果如图 6.4 所示。

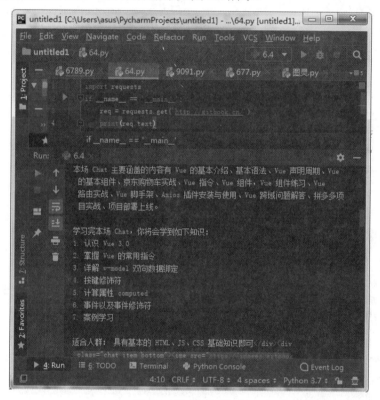

图 6.4　程序运行结果

图 6.4 是我们程序获得的结果，图 6.4 运行结果中文显示部分是我们从 www.gitbook.cn 网站爬取的信息。可以看到，我们已经顺利获得了该网页的 HTML 信息。这就是一个最简单的爬虫实例，可能你会问，我只是爬取了这个网页的 HTML 信息，有什么用呢？少安毋躁，接下来进入我们的实战正文。

课堂任务

1. 学习 cookie 及 opener 的使用方法。

2. 利用 CookieJar 对象实现获取 cookie 的功能，存储到变量中。然后使用 cookie 变量创建 opener，使用这个设置好 cookie 的 opener 即可模拟登录，爬取一个网站的邮箱，但首先你在这个网站的积分要达到标准，才能取得邮箱。

探究活动

第一步：认真学习知识链接内容，启动 Spyder 或 PyCharm，练习 requests 库的基础方法，并从 www.gitbook.cn 网站审查元素中爬取获得信息。

第二步：启动 Spyder 或 PyCharm，利用 CookieJar 对象实现获取 cookie 的功能，爬取一个相亲网站的相亲人的邮箱，程序代码如下。

```python
# -*- coding: UTF-8 -*-
from urllib import request
from urllib import error
from urllib import parse
from http import cookiejar
if __name__ == '__main__':
    #登录地址
    login_url = 'http://www.jobbole.com/wp-admin/admin-ajax.php'
    #User-Agent 信息
    user_agent = r'Mozilla/5.0 (Windows NT 6.2; WOW64) AppleWebKit/537.36 (KHTML, like Gecko) Chrome/27.0.1453.94 Safari/537.36'
    #Headers 信息
    head = {'User-Agnet': user_agent, 'Connection': 'keep-alive'}
    #登录 Form_Data 信息
    Login_Data = {}
    Login_Data['action'] = 'user_login'
    Login_Data['redirect_url'] = 'http://www.jobbole.com/'
    Login_Data['remember_me'] = '0'              #是否一个月内自动登录
    Login_Data['user_login'] = '********'        #改成你自己的用户名
    Login_Data['user_pass'] = '********'         #改成你自己的密码
    #使用 urlencode 方法转换标准格式
    logingpostdata = parse.urlencode(Login_Data).encode('utf-8')
    #声明一个 CookieJar 对象实例来保存 cookie
    cookie = cookiejar.CookieJar()
    #利用 urllib.request 库的 HTTPCookieProcessor 对象来创建 cookie 处理器，也就是 CookieHandler
    cookie_support = request.HTTPCookieProcessor(cookie)
    #通过 CookieHandler 创建 opener
    opener = request.build_opener(cookie_support)
    #创建 Request 对象
    req1 = request.Request(url=login_url, data=logingpostdata, headers=head)

    #面向对象地址
    date_url = 'http://date.jobbole.com/wp-admin/admin-ajax.php'
    #面向对象
    Date_Data = {}
    Date_Data['action'] = 'get_date_contact'
    Date_Data['postId'] = '4128'
    #使用 urlencode 方法转换标准格式
    datepostdata = parse.urlencode(Date_Data).encode('utf-8')
    req2 = request.Request(url=date_url, data=datepostdata, headers=head)
    try:
        #使用自己创建的 opener 的 open 方法
```

```
            response1 = opener.open(req1)
            response2 = opener.open(req2)
            html = response2.read().decode('utf-8')
            index = html.find('jb_contact_email')
            #打印查询结果
            print('联系邮箱:%s' % html[index+19:-2])

        except error.URLError as e:
            if hasattr(e, 'code'):
                print("HTTPError:%d" % e.code)
            elif hasattr(e, 'reason'):
                print("URLError:%s" % e.reason)
```

第三步：执行程序，出现要爬取的邮箱，笔者在该网站积分无权获取邮箱，因此只显示邮箱标识，但没有具体邮箱。

思维拓展

请使用 Python 3.X 的 selenium 库文件爬取网易云上的歌曲清单，下面的程序代码供参考使用。如有错误，请你修改。

```
from selenium import webdriver
import xlwt
url = 'https://music.163.com/#/discover/toplist'
driver = webdriver.Chrome()
driver.get(url)
driver.maximize_window()
driver.switch_to.frame('contentFrame')
parents = driver.find_element_by_id("song-list-pre-cache")
table = parents.find_elements_by_tag_name("table")[0]
tbody = table.find_elements_by_tag_name("tbody")[0]
trs = tbody.find_elements_by_tag_name('tr')
SongList = []
for each in trs:
    song_Num = each.find_elements_by_tag_name("td")[0].text
    song_Name = each.find_elements_by_tag_name("td")[1].\
    find_elements_by_tag_name('b')[0].get_attribute('title')
    song_time = each.find_elements_by_tag_name("td")[2].text
    singer = each.find_elements_by_tag_name("td")[3].\
    find_elements_by_tag_name('div')[0].get_attribute('title')
    SongList.append([song_Num, song_Name, song_time, singer])
    #print(SongList)
book = xlwt.Workbook(encoding="utf-8")        #创建工作簿
sheet = book.add_sheet("Netcloud_song")
col = ('排名', '歌名', '歌曲时长', '歌手')
for i in range(len(col)):
    sheet.write(0, i, col[i])
for i in range(len(SongList)):                #控制行
    for j in range(len(SongList[i])):         #控制列
        sheet.write(i + 1, j, SongList[i][j])
book.save(u'网易云音乐.xls')
```

6.5 网络爬虫

知识链接

大数据有两个主要来源：一个来源是互联网，互联网是将全球计算机连接在一起的网络，互联网是数据的海洋，里面有几十亿人在拍照、上传视频、写博客、主播、发邮件、做网站及各式各样的资源库建设等；另一个来源是大量的传感器，走上街头，到处是摄像头，这就是传感器，它们产生了极其海量的数据。因此，从互联网上获取数据也是信息人工智能时代的人们常用生活工具。网络爬虫程序就是从互联网上获取数据的主要工具。

本节将通过一个网络爬虫的例子，来体验一下网络编程。相信有不少人喜欢看电影，看电影之前不确定要不要看，那就上网看一下电影的口碑。

1. 网络基础知识

（1）URL：Uniform Resource Locator，即统一资源定位符。只要有正确的 URL，我们就可以在互联网上找到相应的资源，举例来说，https://img3.doubanio.com/view/photo/s_ratio_poster/public/p2548870813.webp 就是一个 URL，打开这个链接看到的是《惊奇队长》的海报，如图 6.5 所示。

图 6.5 《惊奇队长》的海报

（2）超文本：我们在网上看到的网页是由 HTML 编写的超文本解析而成的，在 Chrome 浏览器里，打开任意网页，按 F12 键，单击 Elements 就可以看到网页相应的 HTML 源代码，如图 6.6 所示。

（3）请求与响应：我们在百度搜索框内输入"爬虫"并按 Enter 键之后，就向百度发送了一个请求，之后显示的页面就是百度给我们的响应。请求有 GET、POST 等多种方法，在下面的代码中我们使用的是 GET 方法。请求包括请求网址、请求头（headers）、请求体，其中 GET 方法请求体为空。

图 6.6　在豆瓣首页查看其 HTML 源代码

（4）UA：User-Agent，用于给服务器识别客户端操作系统及版本、浏览器及版本。爬取网站时在请求头中加入 UA 可以伪装成浏览器，否则很可能被识别为爬虫。

（5）Cookie：服务器用于识别客户端的信息，可以用于保持登录状态。

（6）UA 和 Cookie 的获取方法：以豆瓣为例，在 Chrome 浏览器登录豆瓣之后，在登录状态下按 F12 键，单击 Network，如果是空的，就刷新一下网页，在 name 列单击任意一个，在 Headers 里，找到 Requests Headers，这就是我们发出的其中一个请求，在 Requests Headers 里就可以找到 Cookie 和 User-Agent（没有的话就在 name 里换一个，随便试几个总会找到的），其中 UA 还可以通过搜索引擎搜索得到，如图 6.7 所示。

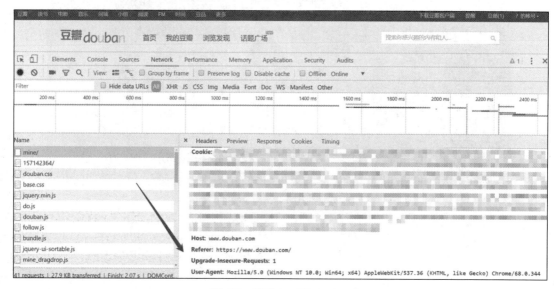

图 6.7　查看 UA 和 Cookie

2. HTML

HTML（HyperText Markup Language），即超文本标记语言。

HTML 标签是由尖括号包围的关键词，如<div>。

HTML 通常是成对出现的，分别称为开始标签和结束标签，如<div>和</div>。

标签中包含了标签的种类和属性，如<span class="comment-info">，其中 span 是标签种类，class="comment-info"是属性，class 是属性名称，"comment-info"是属性的值。

所有的标签构成一个节点树，于是就可以通过正则表达式、XPath、CSS 选择器等工具来从 HTML 源代码中根据一定的语法规则筛选出想要的信息，本书将采用 XPath 来筛选信息。

（关于 XPath 语法请参考：http://www.runoob.com/xpath/xpath-syntax.html）

3. csv

csv 是一种文件格式，可以用记事本或 Excel 打开，在 csv 文件中写入东西的例子如下。

```
with open("test.csv", "w", newline="") as csvfile:
    writer=csv.writer(csvfile)
    writer.writerow(["h", "e", "l", "l", "o"])
```

打开 csv 文件的语句为 open("test.csv", "w", newline="")，test.csv 为文件名，w 是只写的意思，如果要从 csv 文件中读取数据，只要把 w 改成 r 就可以了，csv 文件默认在写完一行之后会空一行，这里 newline=""将空行取消，csv.writer()创建 writer 对象，writerow()在 csv 文件中没写东西的第一行写入字符。

4. time 库

time 库即时间库，我们用到了 sleep(t)休眠函数，可以让程序休眠 t 秒。

5. requests 库

requests 库用于发出请求，requests.get(A, headers=B)：向网页 A 发出 get 请求，A 处填请求的 URL，B 为请求头，其中请求头用字典表示。

6. etree.HTML(html.text)

etree.HTML(html.text)用于将 HTML 源代码转化为能被 XPath 匹配的格式。

课堂任务

1. 学习一些网络的基础知识。
2. 学会编写简单爬虫并存储到 csv 文件。

探究活动

爬取豆瓣短评。

课前准备：下载并安装 requests、lxml 两个包。

第一步：获取要爬取的网站的 URL、自己的 cookie 和 UA。

打开 https://www.douban.com/，登录，找到《惊奇队长》这部电影，下拉页面，找到"全部"并单击，如图 6.8 所示。

得到新页面的 URL（https://movie.douban.com/subject/26213252/comments?status=P），把页面拉到最下，单击后一页，得到第二页的 URL（https://movie.douban.com/subject/26213252/comments?start=20&limit=20&sort=new_score&status=P），再单击后一页，得到第三页的 URL（https://movie.douban.com/subject/26213252/comments?start=40&limit=20&sort=new_score&stat

us=P），发现第二页、第三页只有 start 的值不同，可以猜测 start 的值表示那一页的第一条为第 start 条评论。经过试验，将 start 的值改为 0 之后即为第一页。所以，start 值从 0 开始，每次加 20，就得到新一页的 URL，那么问题来了，我们要爬多少个页面呢，要翻到最后一页查看 start 最大是多少吗？不，那太麻烦了，我们只要一直爬取页面（即 URL 中的 start 值不断加 20，然后发送请求），直到该页面的评论条数为 0 就行了。UA 和 cookie 则通过知识链接中的获取方法得到。

图 6.8　获取要爬取的网站的 URL

第二步：编写主函数。

我们的目的是爬取短评，并存储到 csv 文件，主函数则由爬取和存储两部分组成，参考代码如下。

```
from time import sleep
start=0
while True:   #一直爬取页面（start 值加 20 再发送请求），直到该页面的评论条数为 0
    if spider(start)==False:   #爬取相应 start 值的 URL 对应的网页的函数，有评论时返回值为真，否者为假
        break
    sleep(1)          #减慢爬虫速度
    start+=20
to_csv()  #将数据存储到 csv 文件的函数
```

以上程序运行之后，出现如图 6.9 所示界面。如果账号被锁定，只能按流程解锁。

图 6.9　douan 账号

第三步：编写 spider()函数。这个函数包括了发送请求，并对 HTML 进行分析。这段代码是整个程序的核心代码，程序代码如下。

```
import requests
url1="https://movie.douban.com/subject/26213252/comments?start={}&limit=20
&sort=new_score&status=P"
#url1 字符串是要爬取的网页的 URL，并将 start 值用{}代替
def spider(start):
    url=url1.format(start)
print("正在爬取"+url)              #将{}替代成 start 值，得到正在爬取的网页的 URL 并输出 URL
headers={                          #请求头，用字典表示
        "User-agent":"你的 UA 或网上找的 UA",
        "cookie":'''你的 cookie'''
    }
html=requests.get(url, headers=headers)     #用 requests 中的 get 方法得到网页的
HTML 源代码，get 中填写请求的 URL 和请求头
    if select(html)==False:        #select(html)是筛选 HTML 中我们想要的信息的函数
        return False
    return True
```

第四步：编写 select()函数。在这个函数中，我们要将评论人的昵称、评价的星数和评论筛选出来，存放到 3 个列表中，代码如下。

```
import csv
from lxml import etree
nick_names=list()
stars=list()
texts=list()
#初始化 3 个列表
cnt=0#评论计数器
def select(html):
    selector=etree.HTML(html.text)#将 HTML 源代码转换为能被 XPath 匹配的格式
comments=selector.xpath("//div[@class='comment']")
#用 XPath 选择器得到一个由一页中所有评论组成的列表
    if len(comments)==0:
        return False
#如果列表为空，说明没有评论，返回值为假
    global cnt#声明 cnt 是个全局变量
    for comment in comments:
       nick_name=str(comment.xpath("./h3/span[@class='comment-info']/a/text
()")[0])
        star=str(comment.xpath("./h3/span[@class='comment-info']/span[2]/@clas
s")[0])
        star=star.replace("allstar", "")
        star=star.replace("0 rating","")
        if "comment-time" in star:
            star=""
'''
star 的处理比较特殊，要观察 HTML 中星数的表达，把表示星数之外的字符都用空串代替，还有人只评论没打星的，这时 star 的值为"comment-time"，要重新赋值为空串
'''
        text=str(comment.xpath("./p/span/text()")[0])
```

```
            nick_names.append(nick_name)
            stars.append(star)
            texts.append(text)
            cnt+=1
return True
'''
for 循环遍历每条评论，用 XPath 得到每条评论的昵称、星数和评论内容，并存放到对应列表里，计数器加 1，返回值为真
'''
```

第五步：编写 to_csv()函数。在这个函数里，要把爬取下来的信息放到 csv 文件中，代码如下。

```
import csv
def to_csv():
    with open("豆瓣短评.csv", "w", newline="") as csvfile:
        writer=csv.writer(csvfile)
        writer.writerow(["昵称", "星数", "短评"])#第一行为列名
        for i in range(cnt):
            try:
                writer.writerow([nick_names[i], stars[i], texts[i]])
            except:
                print("编码错误，忽略该数据")
'''
因为写入文件的字符串里出现 emoj 等非法字符时会报错，所以这里用 try...except...把错误忽略了
'''
```

第六步：合并组成一个完整的程序代码，参考代码如下。

```
import requests
import csv
from lxml import etree
from time import sleep
nick_names=list()
stars=list()
texts=list()
url1="https://movie.douban.com/subject/26213252/comments?start={}&limit=20&sort=new_score&status=P"
cnt=0
def select(html):
    selector=etree.HTML(html.text)
    comments=selector.xpath("//div[@class='comment']")
    if len(comments)==0:
        return False
    global cnt
    for comment in comments:
        nick_name=str(comment.xpath("./h3/span[@class='comment-info']/a/text()")[0])
        star=str(comment.xpath("./h3/span[@class='comment-info']/span[2]/@class")[0])
        star=star.replace("allstar", "")
        star=star.replace("0 rating", "")
        if "comment-time" in star:
```

```
            star=""
        text=str(comment.xpath("./p/span/text()")[0])
        cnt+=1
        nick_names.append(nick_name)
        stars.append(star)
        texts.append(text)
def spider(start):
    url=url1.format(start)
    print("正在爬取"+url)
    headers={
        "User-agent":"你的 UA 或网上找的 UA",
        "cookie":'''你的 cookie'''
    }
    html=requests.get(url, headers=headers)
    if select(html)==False:
        return False
    return True

def to_csv():
    with open("豆瓣短评.csv", "w", newline="") as csvfile:
        writer=csv.writer(csvfile)
        writer.writerow(["昵称", "星数", "短评"])
        for i in range(cnt):
            try:
                writer.writerow([nick_names[i], stars[i], texts[i]])
            except:
                print("编码错误，忽略该数据")
start=0
while True:
    if spider(start)==False:
        break
    sleep(1)
    start+=20
to_csv()
```

第七步：运行程序，测试结果如图 6.10 所示。

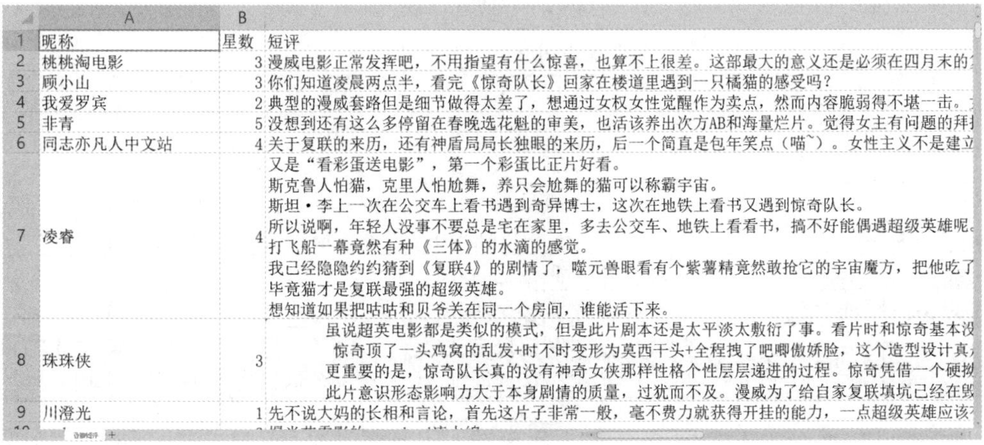

	A	B	C
1	昵称	星数	短评
2	桃桃淘电影	3	漫威电影正常发挥吧，不用指望有什么惊喜，也算不上很差。这部最大的意义还是必须在四月末的
3	顾小山	3	你们知道凌晨两点半，看完《惊奇队长》回家在楼道里遇到一只橘猫的感受吗？
4	我爱罗宾	2	典型的漫威套路但是细节做得太差了，想通过女权女性觉醒作为卖点，然而内容脆弱得不堪一击。
5	非青	5	没想到还有这么多停留在春晚选花魁的审美，也活该养出次方AB和海量烂片。觉得女主有问题的拜
6	同志亦凡人中文站	4	关于复联的来历，还有神盾局局长独眼的来历，后一个简直是包年笑点（喵~）。女性主义不是建立
7	凌睿	4	又是“看彩蛋送电影”，第一个彩蛋比正片好看。 斯克鲁人怕猫，克里人怕尬舞，养只会尬舞的猫可以称霸宇宙。 斯坦・李上一次在公交车上看书遇到奇异博士，这次在地铁上看书又遇到惊奇队长。 所以说啊，年轻人没事不要总是宅在家里，多去公交车、地铁上看看书，搞不好能偶遇超级英雄呢。 打飞船一幕竟然有种《三体》的水滴的感觉。 我已经隐隐约约猜到《复联4》的剧情了，噬元兽眼看有个紫薯精竟然敢抢它的宇宙魔方，把他吃了 毕竟猫才是复联最强的超级英雄。 想知道如果把咕咕和贝爷关在同一个房间，谁能活下来。
8	珠珠侠	3	虽说超英电影都是类似的模式，但是此片剧本还是太平淡太敷衍了事。看片时和惊奇基本没 惊奇顶了一头鸡窝的乱发+时不时变形为莫西干头+全程拽了吧唧傲娇脸，这个造型设计真 更重要的是，惊奇队长真的没有神奇女侠那样性格个性层层递进的过程。惊奇凭借一个硬拗 此片意识形态影响力大于本身剧情的质量，过犹而不及。漫威为了给自家复联填坑已经在毁
9	川澄光	1	先不说大妈的长相和言论，首先这片子非常一般，毫不费力就获得开挂的能力，一点超级英雄应该

图 6.10　程序运行结果

思维拓展

爬取猫眼电影排行榜 Top100 榜（不用登录）。

6.6　网络词云处理

知识链接

如图 6.11 所示，这是一张来自网络的词云，本节将根据 6.5 节里爬取下来的短评，制作一张关于《惊奇队长》的词云。

图 6.11　网络词云

jieba 是一个中文分词的库，只能用于中文分词。其基本算法是：基于前缀词典实现高效的词图扫描，生成句子中汉字所有可能成词情况所构成的有向无环图（DAG）；采用动态规划查找最大概率路径，找出基于词频的最大切分组合；对于未登录词，采用基于汉字成词能力的 HMM 模型，使用了 Viterbi 算法。

待分词的字符串可以是 unicode 或 UTF-8 字符串、GBK 字符串。

注意：不建议直接输入 GBK 字符串，可能无法预料地错误解码成 UTF-8。

下面介绍 jieba 分词主要用法，如表 6.6 所示。

表 6.6　jieba 分词的主要用法

分词用法	描述
jieba.cut	接受 3 个输入参数：需要分词的字符串；cut_all 参数用来控制是否采用全模式；HMM 参数用来控制是否使用 HMM 模型
jieba.cut_for_search	接受两个参数：需要分词的字符串；是否使用 HMM 模型。该方法适合用于搜索引擎构建倒排索引的分词，粒度比较细
jieba.lcut	直接返回 list
jieba.lcut_for_search	直接返回 list
jieba.Tokenizer(dictionary=DEFAULT_DICT)	新建自定义分词器，可用于同时使用不同词典。jieba.dt 为默认分词器，所有全局分词相关函数都是该分词器的映射

wordcloud 库是基于 Python 的词云生成类库，很好用，而且功能强大。词云以词语为基本单位，更加直观和艺术地展示文本，其参数基本使用方法如表 6.7 所示。

表 6.7 wordcloud 库参数的基本使用方法

参　　数	说　　明
width	指定词云对象生成的图片的宽度（默认为 200px）
height	指定词云对象生成的图片的高度（默认为 400px）
min_font_size	指定词云中字体最小字号，默认为 4
max_font_size	指定词云中字体最大字号
font_step	指定词云中字体之间的间隔，默认为 1
font_path	指定字体文件路径
max_words	指定词云中能显示的最多单词数，默认为 200
stop_words	指定在词云中不显示的单词列表
background_color	指定词云图片的背景颜色，默认为黑色

课堂任务

1. 学会使用 jieba 分词。
2. 学会使用 wordcloud 制作词云。

探究活动

课前准备：下载 jieba、csv、wordcloud 3 个包，建议使用 PyCharm 安装包。

第一步：将评论连在一起，然后分词，程序代码如下。

```
import jieba
import csv
with open("豆瓣短评.csv", "r") as csvfile:
    reader=csv.reader(csvfile)
    comment_list=list()
    for row in reader:
        comment_list.append(row[2])
#打开存放短评的文件，读取所有短评并存放在 comment_list 这个列表中
comments=' '.join(comment_list)
#comments 是一个用空格把 comment_list 中所有元素连起来的字符串
seg_list=list(jieba.cut(comments))
#将字符串 comments 分词，并存放在列表 seg_list 中。注意：jieba 只能给中文字符串分词
```

第二步：将词按出现的次数排序，程序代码如下。

```
import operator
word_dict=dict()
for item in seg_list:
    if len(item)<2:
        word_dict[item]=0
    elif item not in word_dict:
        word_dict[item]=1
    else:
        word_dict[item]+=1
'''
如果这个词是单个字，即字符串长度小于 2，那么忽略它，因为单个字符的一般都是语气词或标点，没什么意义（不信可以删掉第一个 if 运行试试）
```

```
对于第一次出现的词,即不在字典里的词,将出现的次数初始化为1
对于出现过的词,出现次数加1
'''
times=sorted(word_dict.items(), key=operator.itemgetter(1), reverse=True)
'''
对字典排序,word_dict.items()指字典的元素,key=operator.itemgetter(1)按照字典值排序,reverse=True 从大到小排序
'''
```

第三步:将词语和出现次数写到 csv 文件中,运行效果如图 6.12 所示,程序代码如下。

```
import csv
with open("word_dict.csv", "w", newline="") as csvfile:
    writer=csv.writer(csvfile)
    for item in times:
        writer.writerow([item[0], item[1]])
```

	A	B
1	漫威	155
2	队长	144
3	惊奇	143
4	电影	137
5	就是	103
6	没有	86
7	英雄	78
8	一个	75
9	还是	68
10	女性	64
11	什么	63

图 6.12　运行结果

第四步:生成词云,运行结果如图 6.13 所示,程序代码如下。

```
import csv
from wordcloud import WordCloud
result=str()
words=list()
i=0
while times[i][1]>=10:
    words.append(times[i][0])
    i+=1
#只将出现次数大于等于10的词放入 words 列表中
result=' '.join(words)
#将要生成词云的词用空格连起来
wc=WordCloud(
    background_color='white',                #背景颜色
font_path="C:\\Windows\\Fonts\\simfang.ttf",
#中文无法显示,要进入 C:/Windows/Fonts/目录更换字体
    width=1000,                              #图片的宽
    height=860                               #图片的长
)
#设置词云参数
word_cloud=wc.generate(result)               #产生词云
word_cloud.to_file("wordcloud.png")          #保存图片
```

图 6.13 运行结果

参考程序代码如下。

```
import jieba
import csv
from wordcloud import WordCloud
import operator
with open("豆瓣短评.csv", "r") as csvfile:
    reader=csv.reader(csvfile)
    comment_list=list()
    for row in reader:
            comment_list.append(row[2])
comments=''.join(comment_list)
seg_list=list(jieba.cut(comments))
word_dict=dict()
for item in seg_list:
    if len(item)<2:
        word_dict[item]=0
    if item not in word_dict:
        word_dict[item]=1
    else:
        word_dict[item]+=1
times=sorted(word_dict.items(), key=operator.itemgetter(1), reverse=True)
with open("word_dict.csv", "w", newline="") as csvfile:
    writer=csv.writer(csvfile)
    for item in times:
        writer.writerow([item[0], item[1]])
result=str()
words=list()
i=0
while times[i][1]>=10:
    words.append(times[i][0])
    i+=1
result=' '.join(words)

wc=WordCloud(
```

```
        background_color='white',
        font_path="C:\\Windows\\Fonts\\simfang.ttf",
        width=1000,
        height=860
        )
word_cloud=wc.generate(result)
word_cloud.to_file("wordcloud.png")
```

思维拓展

请你继续使用 WordCloud 和 jieba 工具制作如图 6.14 所示的分词重构图。

图 6.14 分词运行结果

第一步：首先需要进行分词，也就是将一个句子分割成一个个的词语，这里使用的是 jieba 分词，参考代码如下。

```
import jieba
cut = jieba.cut(text)              #text 为需要分词的字符串/句子
string = ' '.join(cut)             #将分开的词用空格连接
print(string)
```

第二步：分好词后就需要将词做成词云了，这里使用的是 WordCloud，程序代码如下。

```
from matplotlib import pyplot as plt
from wordcloud import WordCloud
string = 'Importance of relative word frequencies for font-size. With relative_scaling=0, only word-ranks are considered. With relative_scaling=1, a word that is twice as frequent will have twice the size. If you want to consider the word frequencies and not only their rank, relative_scaling around .5 often looks good.'
font = r'C:\Windows\Fonts\FZSTK.TTF'
wc = WordCloud(font_path=font,          #如果是中文必须要添加这个，否则会显示成方框
        background_color='white',
        width=1000,
        height=800,
        ).generate(string)
wc.to_file('ss.png')                    #保存图片
plt.imshow(wc)                          #用 plt 显示图片
plt.axis('off')                         #不显示坐标轴
plt.show()                              #显示图片
```

本章学习评价

完成下列各题，并通过完成本章的知识链接、探究活动、课堂练习、思维拓展等，综合评价自己在知识与技能、解决实际问题的能力以及相关情感态度与价值观的形成等方面，是否达到了本章的学习目标。

1. Python 对 Excel 文件的操作模块有＿＿＿＿＿＿＿＿＿＿＿＿。
2. Python 要对 Excel 文件操作时，设置连接目录与文件名或单纯目录的方法是＿＿＿＿。
3. 安装 Python 的 xlrd（用于读 Excel）、xlwt（用于写 Excel）、xlutils（处理 Excel 的工具箱）和 openpyxl 等库文件，采用的指令是＿＿＿＿；＿＿＿＿；＿＿＿＿；＿＿＿＿。
4. 采用 openpyxl 库操作 Excel 文件的一般步骤是＿＿＿＿＿＿＿＿＿＿。
5. plt.pie(data, explode)的作用是＿＿＿＿＿＿＿＿＿＿。
6. lxml.etree.HTML(html.text)的作用是＿＿＿＿＿＿＿＿＿＿。
7. import pandas as pd 的作用是＿＿＿＿＿＿＿＿＿＿。
8. requests.get(url=target)的作用是＿＿＿＿＿＿＿＿＿＿
plt.vlines()的作用是＿＿＿＿＿＿＿＿＿＿。
plt.contour(X,Y,Z,N)的作用是＿＿＿＿＿＿＿＿＿＿。
requests.get()的作用是＿＿＿＿＿＿＿＿＿＿。
9. ry=DEFAULT_DICT)的作用是＿＿＿＿＿＿＿＿＿＿。
10. min_font_size 的作用是＿＿＿＿＿＿＿＿＿＿。
11. writer.writerow(["h", "e", "l", "l", "o"])的作用是＿＿＿＿＿＿＿＿＿＿。
12. 简述 Python Matplotlib 库的作用，请介绍一下它的安装方法。
13. 简述词云的含义。
14. 请写出从互联网爬取人工智能关键词相关文字的过程。
15. WordCloud 和 jieba 工具如何使用？
16. 简述爬虫操作过程。
17. 本章对你启发最大的是＿＿＿＿＿＿＿＿＿＿。
18. 你还不太理解的内容有＿＿＿＿＿＿＿＿＿＿。
19. 你还学会了＿＿＿＿＿＿＿＿＿＿。
20. 你还想学习＿＿＿＿＿＿＿＿＿＿。

第 7 章 人 工 智 能

近几年，Alphago、视频识别、指纹解锁、图片识别、语音转文字、机器人看病等一系列事件，使我们深刻地感受到人工智能在改变我们的工作方式和认知。国内人工智能产业中，人脸识别和图片识别是人工智能视觉与图像领域中的两大热门应用。人脸识别属于图片识别的一个应用场景，做人脸识别的大多数企业同时也在提供图片识别服务。当前，我国涉足视觉与图像领域公司的数量已达数百家，仅次于自然语言处理类公司，位居第二。其中该领域较为出名的创业公司包括旷世科技、商汤科技、极链科技等。人工智能是如何与人交互的呢？

通过本章的学习，重点掌握静态照片人脸识别、图像识别、视频动态人脸识别、图文识字、文本聊天机器人、语音聊天机器人、微信聊天机器人、图文识别、语音识别以及花朵识别等人工智能深度学习技术的实现过程，揭开人工智能的神圣面纱，感受人工智能技术的奥妙。

本章主要知识点：
- 静态照片人脸识别
- 图像识别技术
- 视频人脸识别
- 文本聊天机器人
- 微信聊天机器人
- 图文识字技术
- 语音识别技术
- 花朵识别技术

7.1 静态照片人脸识别

知识链接

人脸识别，是基于人的脸部特征信息进行身份识别的一种生物识别技术。用摄像机或摄像头采集含有人脸的图像或视频流，并自动在图像中检测和跟踪人脸，进而对检测到的人脸进行脸部识别的一系列相关技术，通常也叫作人像识别、面部识别。广义的人脸识别实际包括构建人脸识别系统的一系列技术，包括人脸图像采集、人脸定位、人脸识别预处理、身份确认和身份查找等；而狭义的人脸识别特指通过人脸进行身份确认或者身份查找的技术或系统。

人脸识别技术是一个从采集到识别的复杂过程，基于人的脸部特征，对输入计算机的图像或者视频流进行判断，如果存在人脸，则提取出每个人脸的位置、大小和主要面部器官的位置等信息组成人脸特征数据，接着将提取的人脸图像的特征数据与数据库中存储的特征模型进行搜索匹配，当相似度超过预先设定的阈值，则把匹配得到的结果输出。将待识别的人脸特征与已得到的人脸特征模型进行比较，根据相似程度对人脸的身份信息进行判断。

随着技术的进一步成熟和社会认可度的提高，人脸识别技术已在越来越多的领域得到应用，如人脸识别门禁、电子护照和身份证等，那么计算机是如何识别的呢？概括来讲，主要分为人脸图像采集、人脸检测、人脸特征提取、特征比对、人脸识别 5 个步骤。其中人脸识别通常通过开源的人脸识别库进行实现。

人脸识别库（Face Recognition）是一个基于 Dib 实现的人脸识别开源库，采用深度学习训练模型，模型准确率高达 99.38%。Dib 是一个包含机器学习算法的 C++开源工具包。Dib 可以帮助学习者实现很多复杂的机器学习方面的功能来帮助解决实际问题。Dib 提供了丰富的算法，如 3D 点云、SURF 特征、贝叶斯分类、支持向量机、深度学习、多种回归算法等，也包含 Thread、Timer、XML、Socket、Sqlite 等底层基本工具。目前 Dib 已经被广泛应用于行业和学术领域，包括机器人、嵌入式设备、移动电话和大型高性能计算环境等。

本节内容就是利用 Python 编写人脸识别程序及安装相关的类库文件包，实现识别人脸的目标。Python 识别人脸的函数库及其使用实例如表 7.1 所示。

表 7.1　识别人脸的函数库

函数库或类库文件包	描　　述	实　　例
detector	人脸检测器	Detector=dlib.get_frontal_face_detector()
Imread("待读入的图片名称")	读入人脸图	Img=io.imread("test1.jpg")
image_windows()	生成图像窗口	Win=dlib.image_window()
Win.set_image(img)	显示要检测的图像	Win.set_image(img)
Win.add_overlay()	绘制矩形轮廓	win.add_overlay(faces)
Dlib.hit_enter_to_continue()	图片保存	Dlib.hit_enter_to_continue()

课堂任务

1．在 Python 3.7 与 Windows 7 环境下安装人工智能识别人脸的相关库文件。
2．编程从图片中识别出来人脸数。

探究活动

任务 1
在 Windows 7 下安装人工智能相关软件。
（1）先下载 dlib 的安装包，网址是 https://pypi.org/project/dlib/#files，然后解压安装包。笔者下载的版本是 dlib-19.17.0 安装包，并存在于 D 盘根目录上。
（2）下载 vs，笔者的 vs 版本是 vs2017，如果没有安装 vs，要先进行安装，否则无法继续安装。vs 的下载网址是 https://blog.csdn.net/qq_36556893/article/details/79430133#%E4%B8%80%E3%80%81%E5%AE%98%E7%BD%91%E4%B8%8B%E8%BD%BD。然后设置 cl.exe 的环境变量（写入 Path 中）。
（3）按 Win+R 快捷键打开命令提示符，输入 pip install cmake，然后将 cmake 文件夹中的 bin 文件的路径写入环境变量中。
（4）下载 boost，用 pip install boost，不用设置环境变量。

（5）笔者使用的 Anaconda3 (64-bit)的 Python 3.7 版本，不必要此步。但是你的系统不是 Anaconda3 (64-bit)，安装不成功 dlib 时，必须做这一步。打开 dlib 解压后的文件，在文件搜索栏中搜索 CMakeCache.txt，应该在 Release 文件夹下面会找到，找到之后，删除这个 CMakeCache.txt 文件（以使缓存失效，否则还是会链接 Python 2.7）。

（6）用 cd 进入 dlib 的路径，然后输入 python setup.py install，等待 5 分钟左右的安装时间，然后就可以了。

任务 2

通过 Python 编写识别人脸的程序。

（1）安装人脸识别函数库文件，如 pip install scikit_image 和 pip install dlib。

（2）在 PyCharm2019.1.1 编辑器里输入相关代码，参考代码如下。

```
import dlib
from skimage import io
detector=dlib.get_frontal_face_detector()
img=io.imread("d://test1.jpg")
win=dlib.image_window()
win.set_image(img)
faces=detector(img, 1)
print("人脸数：", len(faces))
win.add_overlay(faces)
dlib.hit_enter_to_continue()
```

（3）把要检测的图片 test1.jpg 复制到对应的 D 盘根目下，然后再单击 PyCharm2019.1.1 编辑器菜单栏中的 Run，系统会显示图片并统计人数，如图 7.1 所示。

图 7.1　系统识别人脸数

（4）单击 PyCharm2019.1.1，编辑器工具提示框里显示出此张图中人脸数总和为 11，如图 7.2 所示。

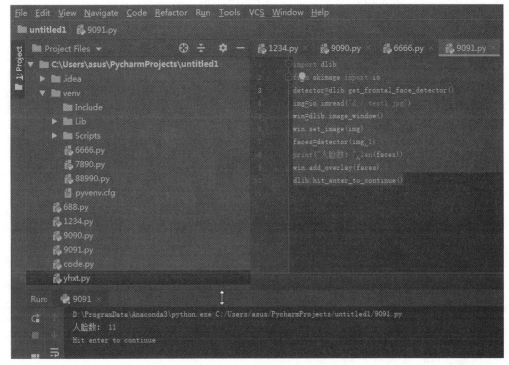

图 7.2 人工智能统计运行结果

课堂练习

请编写 Python 人工智能识别图片中的人脸，并统计一个数目，可从网上任意下载一张多人脸的照片，存在你的程序文件同目录下。

思维拓展

请编写 Python 人工智能程序先识别一个人的脸，再从别的图片中出现此人并找出此人，然后说出此人姓名。

7.2 图像识别技术

知识链接

图像识别技术是人工智能的一个重要领域。它是指对图像进行对象识别，以识别各种不同模式的目标和对象的技术。图片人脸识别也是图像识别技术应用之一，也就是识别图像中的人脸并根据人脸在图片库中找出同一个与它最相似的图片，也就是辨别不同的人。

图像识别技术是以图像的主要特征为基础的。每个图像都有它的特征，如字母 A 有个尖，P 有个圈，而 Y 的中心有个锐角等。对图像识别时眼动的研究表明，视线总是集中在图像的主要特征上，也就是集中在图像轮廓曲度最大或轮廓方向突然改变的地方，这些地方的信息量最大。而且眼睛的扫描路线也总是依次从一个特征转到另一个特征上。由此可见，在图像识别过程中，知觉机制必须排除输入的多余信息，抽出关键的信息。同时，在大脑里必定有一个负责整合信息的机制，它能把分阶段获得的信息整理成一个完整的知觉映象。

图像识别技术是立体视觉、运动分析、数据融合等实用技术的基础，在导航、地图与地形配准、自然资源分析、天气预报、环境监测、生理病变研究等许多领域有重要的应用价值。

1. 遥感图像识别

航空遥感和卫星遥感图像通常用图像识别技术进行加工以便提取有用的信息。该技术目前主要用于地形地质探查，森林、水利、海洋、农业等资源调查，灾害预测，环境污染监测，气象卫星云图处理以及地面军事目标识别等。

2. 通信领域的应用

通信领域的应用包括图像传输、电视电话、电视会议等。

3. 军事、公安刑侦等领域的应用

图像识别技术在军事、公安刑侦方面的应用很广泛，例如军事目标的侦察、制导和警戒系统；自动灭火器的控制及反伪装；公安部门的现场照片、指纹、手迹、印章、人像等的处理和辨识；历史文字和图片档案的修复和管理等。

4. 生物医学图像识别

图像识别在现代医学中的应用非常广泛，它具有直观、无创伤、安全方便等特点。在临床诊断和病理研究中广泛借助图像识别技术，如 CT（Computed Tomography）技术等。

5. 机器视觉领域的应用

作为智能机器人的重要感觉器官，机器视觉主要进行 3D 图像的理解和识别，该技术也是目前研究的热门课题之一。机器视觉的应用领域也十分广泛，例如用于军事侦察、危险环境的自主机器人，邮政、医院和家庭服务的智能机器人。此外机器视觉还可用于工业生产中的工件识别和定位，太空机器人的自动操作等。

通过照片人脸识人为例，体验图像识别技术的奥妙，采用 Python 人脸识别函数库编写相关程序即可完成，但必须先安装相关函数库，如 face_recognition 人脸识别函数库。安装 face_recognition 人脸识别函数库方法是：使用 CMD 命令进入 DOS 状状，在相关目录下输入 pip install face_recognition，即可执行安装文件。

课堂任务

1. 学习安装人脸识别函数库文件。
2. 编写通过人脸识人的 Python 程序代码，并测试运行。

探究活动

任务 1

安装人脸识别函数库文件，利用 CMD 命令进入 DOS 状态，然后使用 CD 命令进入相关文件目录，再输入 pip install face_recognition，系统自动安装，安装成功如图 7.3 所示。

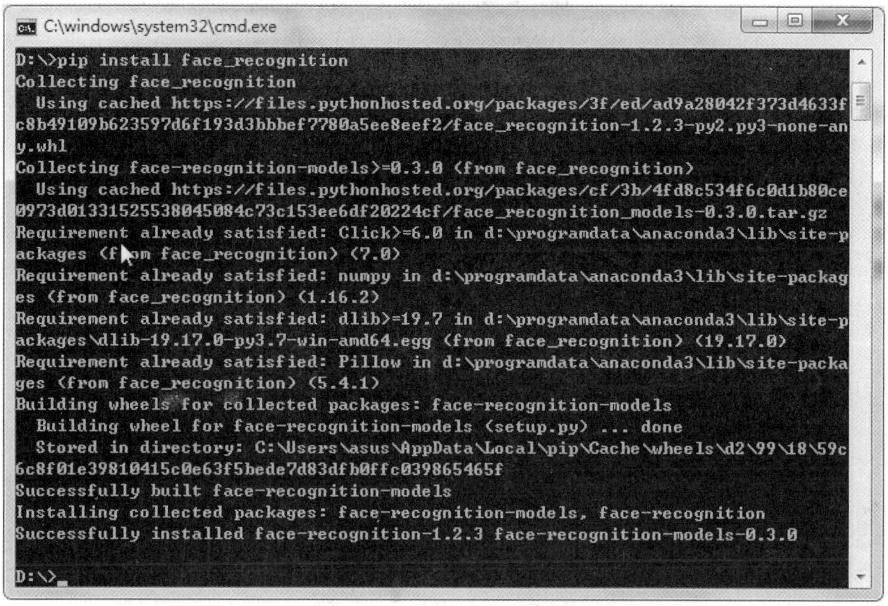

图 7.3 安装 face_recognition 成功界面

任务 2

编写通过人脸识人的 Python 程序代码，参考代码如下。

```
    import os
import face_recognition
path=".\\testimge"
files=os.listdir(path)
testimge_names=[]
testimge_faces=[]
for file in files:
    filename=str(file)
    testimge_names.append(filename)
    image=face_recognition.load_image_file(path+"\\"+filename)
    encoding=face_recognition.face_encodings(image)[0]
    testimge_faces.append(encoding)
unknown_image=face_recognition.load_image_file("未知1.jpg")
unknown_encoding=face_recognition.face_encodings(unknown_image)[0]
results=face_recognition.compare_faces(testimge_faces, unknown_encoding, tolerance=0.5)
print("人脸识别检测结果如下：")
for i in range(len(testimge_names)):
    print(testimge_names[i]+":", end=" ")
    if results[i]:
        print("检测到相同")
    else:
        print("不同")
```

任务 3

把待检测的人脸图片存入 testimge 文件夹中，如图 7.4 所示。同时把 testimge 文件夹复制到主程序所在的文件夹里，如 C:\Users\asus\PycharmProjects\untitled1，如图 7.5 所示。

图 7.4　待检测图片

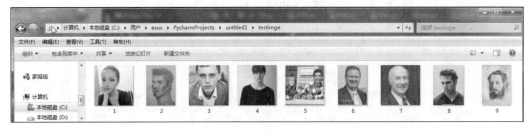

图 7.5　testimge 文件夹所在位置

任务 4

把待对照的人脸图片复制到主程序所在的文件夹里。例如，把未知 1.jpg 文件复制到 C:\Users\asus\PycharmProjects\untitled1 文件夹里，如图 7.6 所示。

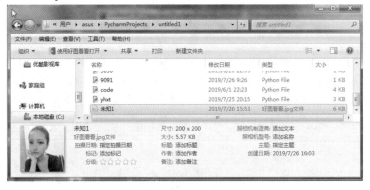

图 7.6　待对照的人脸图片所在位置

任务 5

运行程序进行测试，在待检测图片文件夹中的图片与未知 1.jpg 对比检测结果如图 7.7 所示。

图 7.7　对比检测结果

课堂练习

请你编写人脸识别程序，在一个文件夹里存放的照片中寻找手中的一张照片，找到显示"已经找到"，并打印出它的文件名。

思维拓展

请你编写人脸识别程序，对视频文件的图片进行检测，寻找对应的人脸，找到显示"已经找到"，并能把此人出现的视频文件的时间记录下来，方便查阅。

7.3　视频人脸识别

知识链接

视频人脸识别（Face Recognition in Video）是一项新兴技术，它将会对电视、游戏和通信等领域的用户体验产生很大影响。计算机视觉这个精彩领域在最近几年突飞猛进，目前已经具备了一定的规模，大量的应用已经在全世界被广泛使用，而这也仅仅是个开始！

在这个领域中，我最赞赏的一件事就是对开源的接纳。即使是那些技术大佬们也乐于与大家分享新的突破和创新，从而使这些技术不再"曲高和寡"。在日常生活中，我们通过面部识别解锁手机，百度网盘可以识别照片中的人物并分类，支付宝支持人脸支付，这些是怎么实现的呢？答案就是使用人工智能。百度有百度智能云，支付宝则是跟 face++合作，通过调用 face++的 API（Application Programming Interface，应用程序编程接口）实现。

face++人工智能开放平台是旷世科技开发的人脸识别的开源 API，丰富的视频人脸识别、人体识别、车牌号识别及身份证识别等接口可供开发者调用。使用 face++API，做一个进阶 demo，使用摄像头对拍摄对象进行人脸身份识别，这是模拟扫脸支付的一部分，主要思路如下。

1. 开启摄像头，读该帧图像

运用现有的 CascadeClassifier 分类器先确定人脸位置，并画出矩形框，不过只能识别这是不是一张脸以及其位置，不能确定是谁的脸，而运用 face++的平台就可以完成，不用自己再写网络去训练自己的脸。在这个实例中，在程序中调用 face++的 API，就相当于向 face++这个网站发送了一个 post 请求，并得到返回结果。

2. 把图像送入 face++的 search API 去进行匹配

前提是你的 face_set 有你要检测的人的照片，利用 search 的返回值，主要是唯一标识 user_id（名字），再利用 OpenCV 的画图工具显示在该帧上即可。

OpenCV 是一个开源的跨平台计算机视觉库，可以运行在 Linux、Windows、Android、iOS 和 Mac OS 等操作系统上，拥有 C++、Python 和 Java 等程序语言接口。它含有图像处理和计算机视觉方面的很多通用算法，涵盖了很多计算机视觉领域的模块，有助于解决计算机视觉方面的问题。若计算机已配置了 Pip 环境，则在命令行中输入以下语句，即可安装成功。

```
pip install opencv-python
Pip install opencv-contrib-python
```

安装完成后可以通过以下方式导入:

```
Import cv2
```

我们将使用 cv2.cv2 中的方法来拍照,但必须下载 opencv-contrib-python、opencv-python 两个库才能使用 cv2.cv2。除此之外,OpenCV 包含的一些基本图像处理方法和算法如表 7.2 所示。

表 7.2　OpenCV 基本图像处理方法和算法

方法	说明
cv2.VideoCapture()	读取视频,输入的参数可以是数字,对应摄像头编号;也可以是视频名。如果用的是摄像头,要用循环语句来不断读帧
cv2.waitKey()	用于等待,一般与 cv2 ashow()搭配使用
cv2.putText()	用于输出文本,将信息以文字的形式输出在图片上
cv2.imread()	读取图片
cv2.name Window()	给窗口命名
cv2.imwrite()	保存图片
cV2.imshow()	显示
cv2.destroy AllWindows()	销毁全部打开的窗口
cv2. threshold()	图像二值化,转换方式有 5 种:cv2.THRESH_BINARY、cv2.THRESH_BINARY_INV、cv2.THRESE_TRUNC、cv2.THRESH_TOZERO、cv2 THRESH TOZERO INV
cv2.median Blur	中值滤波
cV2.gaussianBlur()	高斯滤波
cv2.findContours()	可以提取图像轮廓,提取规则有两种:cv2.RETR EXTERNAL,只找外轮廓;cv2.RETR TREE,内外轮廓都找。输出轮廓内容格式也有两种:cv2.CHAIN APPROX SIMPLE,输出少量轮廓点;cv2.CHAIN APPROX NON,输出大量轮廓点
cv2.draw Contours	画出轮廓
cv2.rectangle()	给图像加框,可以用它将人脸框出
cV2.minArea Rect()	求包含轮廓的最小方框,输出角点坐标和偏移角度
cv2.Cascade Classifier()	用于加载分类器,安装好 opencv 后在 Python 的安装路径\cv2\data 里可以查看到自带的分类器
os.listdir('file')	识别 file 文件夹中所有文件的路径
requests.post(url, data, files)	向 url 发送 post 请求,请求的数据放在 data,文件放在 files
JSON:JavaScript Object Notation	JS 对象简谱,一种轻量级的数据交换格式,在实例中,json.loads 就是将字符串类型转化为 JSON 格式

课堂任务

小明是会议的管理员,有被邀请参加会议的每个人的照片和对应的名字,他需要确定来的人是否被邀请,然而,小明是个脸盲,分不清每个人长什么样,小明想到了借助人工智能来识别,你能帮帮他吗?

1. 学习安装人脸识别函数库文件。

2．学会使用 face++的 API 实现人脸识别。

3．编写视频拍照人脸识人的 Python 程序代码，并测试运行。

探究活动

第一步：软件安装。下载并安装 opencv-contrib-python、opencv-python、requests、jsonface_recognition 4 个函数库文件。使用 CMD 进入 DOS 状态，在命令窗口输入 pip install dlib pip install face_recognition，系统自动安装成功即可，以此类推，安装其他函数库文件。

第二步：硬件安装。首要的事就是检查网络摄像头是否正确安装，使用笔记本自带摄像头也可以。

第三步：利用 OpenCV 是一个开源平台实现从摄像头的视频流中识别照片并保存，参考程序代码如下。

```python
    import cv2
#导入库
cv2.namedWindow("Image")              #创建窗口
cap=cv2.VideoCapture(0)                #调用摄像头
while(cap.isOpened()):                 #isOpened()检测摄像头是否处于打开状态
  ret,img=cap.read()                   #读取摄像头信息
  if(ret == True):
    cv2.imshow("capture", img)#显示拍摄的图像
    k = cv2.waitKey(100)
    if ((k == ord('a')) or(k == ord('A'))):
      cv2.imwrite("\test\my_image1.jpg", img)
      print("已检测类同人脸的人")
      break
    # cap.release()                    #释放摄像头
#输入 q 时，存储此时的图像并退出循环
cap.release()                          #释放摄像头
cv2.waitKey(0)
cv2.destroyAllWindows()                #删除建立的全部窗口
```

测试运行，系统自动打开摄像头并显示人脸，当你单击 Capture 窗口输入 a 时，自动退出并保存图像，结果显示如图 7.8 所示。

图 7.8　摄像头拍的照片

第四步：调用 face++ API 代码方式实现人脸识别。首先要在 face++平台上注册账号，该平台提供一个免费服务，face++人工智能开放平台提供各种识别的参数及代码文档，大家可以参考该平台提供的代码进行开发设计智能识别应用。在这一节里，我只是做入门知识简单描述，具体细节可以到 face++平台查阅。

打开网站 www.faceplusplus.com.cn，单击右上角"注册"按钮，如图 7.9 所示，完成注册流程。完成注册后，单击右上角"控制台"进入注册界面，如图 7.10 所示。

图 7.9　概览界面

图 7.10　注册界面

第五步：登录成功之后，立即应用，创建 API Key，如图 7.11 所示。

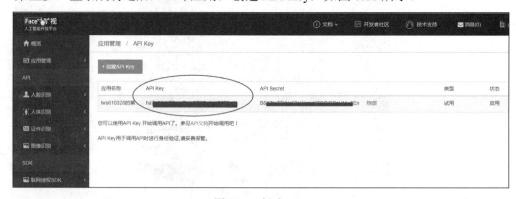

图 7.11　创建 API

第六步：编写视频拍照人脸识人的 Python 程序代码，程序代码所需参数如图 7.12 所示。参考代码如下。

```python
import requests
from json import JSONDecoder
http_url ="https://api-cn.faceplusplus.com/facepp/v3/detect"
#你要调用API的URL
key ="公钥"
secret ="私钥"
#face++提供的一对密钥
filepath1 ="D:\py\image\WIN_20180412_21_52_13_Pro.jpg"#图片文件的绝对路径
data = {"api_key":key,"api_secret": secret,"return_attributes": "gender,age,
smiling, beauty"}
#必需的参数，注意key、secret、"gender,age,smiling,beauty"均为字符串，与官网要求一致
files = {"image_file": open(filepath1, "rb")}
'''以二进制读入图像，这个字典中 open(filepath1, "rb")返回的是二进制的图像文件，所以
"image_file"是二进制文件，符合官网要求'''
response = requests.post(http_url, data=data, files=files)
#POTS上传
req_con = response.content.decode('utf-8')
#response的内容是JSON格式
req_dict = JSONDecoder().decode(req_con)
#对其解码成字典格式
print(req_dict)
#输出
```

图 7.12　face++相关参数

课堂练习

在本节探究活动中，我们在摄像头上截取照片实现了人脸识别功能，但还不是动态的视

频人脸识别,现在请你们以两人为一组,利用 face++人工智能开放平台实现视频动态下的人脸识别功能,可以通过查阅相关文档或修改探究活动中的程序代码来完成任务。

思维拓展

小张安装 Python 和 OpenCV 成功之后,尝试设计视频人脸识别的程序,他在 Windows 下将 OpenCV 的 build/python/2.7/cv2.pyd 复制到 Python 的目录 Lib/site-packages 下,然后设计了一组人脸识别的程序,但不成功,请你修改以下视频人脸识别程序代码或重新安装软硬件,帮助他完成视频人脸识别的项目任务。

```
import cv2
import sys
cascPath="./haarcascade_frontalface_alt2.xml"
faceCascade = cv2.CascadeClassifier(cascPath)
video_capture = cv2.VideoCapture(0)
while True:
 #逐帧捕获人脸
  Ret, frame = video_capture.read()
  gray = cv2.cvtColor(frame, cv2.COLOR_BGR2GRAY)
  faces = faceCascade.detectMultiScale(
     gray,
     scaleFactor=1.1,
     minNeighbors=3,
     minSize=(30, 30),
     flags=cv2.cv.CV_HAAR_SCALE_IMAGE
  )
  #在识别的人脸上画一个矩形标识
  for (x, y, w, h) in faces:
     cv2.rectangle(frame, (x, y), (x+w, y+h), (0, 255, 0), 2)
  #显示识别结果
  cv2.imshow('Video', frame)
  if cv2.waitKey(1) & 0xFF == ord('q'):
     break
#完成任务后,关闭并释放捕获的视频
video_capture.release()
cv2.destroyAllWindows()
```

7.4 智能聊天机器人

知识链接

智能聊天机器人是用于模拟人类对话或聊天的程序。早期,Eliza 和 Parry 是非常著名的聊天机器人。它试图建立一套程序,至少暂时让真正的人认为他们正在与另一个人聊天。

聊天机器人(Chatterbots)已应用于在线互动游戏 Tinymuds。单个玩家可以在等待其他真实玩家的同时与聊天机器人进行交互。目前至少有一家公司正在构建一个产品,允许用户构建一个聊天机器人来掌握相关市场或与用户的网站相关的其他问题。不难想象有两个聊天机器人互相交谈，甚至交换有关自己的信息，这样它们的谈话就会变得更加复杂。当然，他们可以使用更常见的聊天缩略词。

坦率地说，聊天机器人的原理是开发人员将他感兴趣的回答放入数据库中。当向聊天机器人抛出问题时，它使用该算法从数据库中找到最合适的答案并回复给它一个聊天伙伴。此外，聊天机器人的成功之处在于开发人员在词库中添加了许多流行的弹出式语言。当用户发送的短语和句子被同义词库识别时，程序将使用该算法设置预设答案回复用户。词库的丰富性和回复速度是聊天机器人获得公众喜爱的重要因素。同样的答案不能得到公众的青睐，中性词语也不会引起人们的共鸣。此外，只要节目启动，聊天者将 24 小时待命，这是贴心的。

常见的聊天机器人有 TalkBot、Elbot（艾尔伯特）、eLise（伊莉斯）、Alice（艾丽斯）、Laylahbot（蕾拉伯特）、爱情玩偶等。

TalkBot：最初作为一个在线聊天系统，TalkBot 是克莉斯·克沃特于 1998 年用 JavaScript 和 Perl 语言编写完成的，并于 2001 年和 2002 年两次获得 Chatterbox Challenge 比赛的冠军。

Elbot（艾尔伯特）：在德语聊天机器人查理的程序改进后诞生了艾尔伯特，2000 年年底，德语版艾尔伯特就开始在线聊天，并且到了 2001 年连英语版也有了。在 2003 年获得 Chatterbox Challenge 比赛冠军。

eLise（伊莉斯）：讲德语的聊天机器人。伊莉斯由 Java 分子编辑器前端、Java 服务器以及一种知识编辑器组成。其中，知识程序包括 1100 多节点，而且还在不停升级。

Alice（艾丽斯）：1995 年 11 月 23 日，Alice 诞生了。Alice 的名字是由英文"人工语言在线计算机实体"的头一个字母的缩写拼成。科学家华莱士将这个聊天程序安装到网络服务器，然后待在一边观察网民会对它说什么。随着华莱士对艾丽斯的升级与艾丽斯聊天经验的日渐丰富，艾丽斯越来越厉害。2000 年、2001 年、2004 年艾丽斯三夺勒布纳奖。艾丽斯是乔治的强劲对手，曾一度被认为是最聪明的聊天机器人。

Laylahbot（蕾拉伯特）：由原始的艾丽斯程序改头换脸而来。整个程序和华莱士在 2002 年编写的艾丽斯的程序基本没什么差别。蕾拉伯特的存在是试图对基本的"人工语言在线计算机实体"聊天机器人的性能、功能提供一个范本。

爱情玩偶：一个可以领取机器人，打造自己的聊天机器人，名字和图片可以自己添加。也算国内比较好玩一点的聊天机器人。玩家也可以自己调教他的对话。缺点也很明显，因为语言部分是联通的，所以违和感极强……

今天，我们要介绍的是如何利用 Python 语言编写一个简易聊天机器人程序，Python 聊天机器人需要安装 requests 程序包。

课堂任务

1. 安装 requests 程序包。
2. 利用图灵机器人官网免费申请的 API 设计一个 Python 聊天机器人程序。

探究活动

任务 1

安装 requests 程序包。使用 CMD 进入 DOS 状态，然后输入 pip install requests，系统自动安装，直到成功为止，如图 7.13 所示。

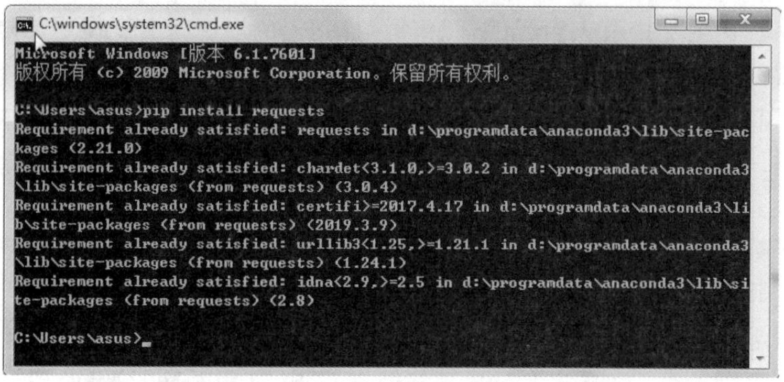

Python 人工智能

图 7.13　安装成功界面

任务 2

进入图灵机器人官网申请注册，获取 API 账号。图灵机器人官网地址是 http://www.tuling123.com，登录网站，然后完成注册手续，笔者所获取的 apikey 为 f7f198e4b96348d3b8deba0efa66ad2e，如图 7.14 所示。

图 7.14　获取 apikey

任务 3

编写 Python 程序，程序代码如下。

```
# coding =utf-8
import requests
import json
import os
def talk(info):
    key="f7f198e4b96348d3b8deba0efa66ad2e"
```

```
    api='http://www.tuling123.com/openapi/api?key='+key+'&info='+info
    res=requests.get(api)
    diect_json=json.loads(res.text)
    return(diect_json["text"])
while True:
    mine=input("我：")
    if (mine=='再见'):
        print('机器人：好了，我不和你聊了')
        break
    else:
        yours=talk(mine)
        print('机器人：'+yours)
```

任务 4

单击运行，运行结果如图 7.15 所示。

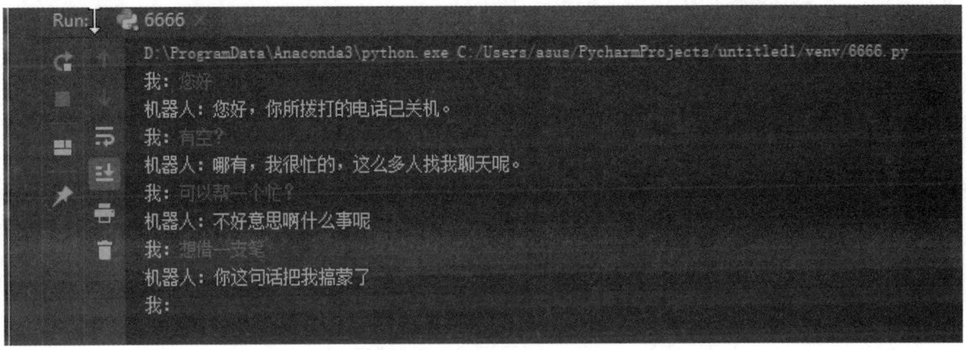

图 7.15　与机器人对话

课堂训练

修改探究活动中的程序代码，更换成通过网页请求处理库连接人工智能开放平台，实现聊天机器人。请你修改以下参考程序，完成聊天机器人的设计。

```
import urllib
import urllib.request
import requests
import json
import os
def get_chat(info):
    #从人工智能开放平台上获取的密钥，替换此处的 key
    key='f7f198e4b96348d3b8deba0efa66ad2e'
    #人工智能开放平台接口地址
    url='http://www.tuling123.com/openapi/api'
    #包装需携带的参数
    values={'key': key, 'info': info}
    #对参数进行编码以符合 AP 格式要求
    data= urllib.parse.urlencode(values)
    binary_data= data.encode('utf-8')
    #用处理好的数据向 AP 地址发送数据请求
    req=urllib.request.Request(url, binary_data)
```

```
#获取返回的响应数据
response=urllib.request urlopen(req).reado()
 #对返回数据进行 jon 格式转化
dic_json=jsonloads(response)
#获取其中的聊天机器人数据编码为 UTF-8 格式，赋值给 rest
result=dic json['text'].encode(UTF-8)
return result
```

思维拓展

本节智能聊天机器人仅限于文字聊天交互，请你完成一个可进行语音对话的聊天机器人程序，以 2～4 人为一组，分工完成程序编写与测试，并在班级上展示及分组汇报情况，进行自评与互评。

7.5 微信语音聊天机器人

知识链接

微信聊天机器人又称微信虫洞助手，是北京光年无限科技有限公司基于微信的公众平台消息接口开发的微信上机器人，可以通过微信公众平台提供的接口通过一定的数据逻辑和数据库实现在微信平台上的智能对话。微信聊天机器人不支持虫洞语音助手原生功能，而是基于位置的附近信息查询、语音对话、查航班、查火车、听音乐等功能。

语音聊天机器人是通过调用第三方提供的 API 来实现语音聊天的，例如，百度 AI 和图灵机器人等智能平台，它们提供部分免费的 API 服务，让学习者有机会接触此领域的技术。

Python 3 调用图灵机器人 API 实现语音聊天的步骤如下：声音→音频文件→调用第三方接口（语音识别）→文字→发送给图灵机器人→机器人做出回复→返回文字→文字转语音→输出并发出声音。

Python 3 微信聊天机器人的实现步骤：首先，获取微信的使用权，即 Python 脚本能控制微信收发信息。此时要用到 wxpy 库里的各种组件来收发信息，监听微信活动。其次，Python 脚本收到聊天信息后，要对该信息进行处理，返回机器人的回应信息。

课堂任务

1. 在图灵机器人网站注册账号，创建一个机器人，获取 apikey。
2. 学习安装微信语音机器人相关的函数库文件。
3. 编写微信聊天机器人程序。
4. 体验微信及语音聊天机器人。

探究活动

任务 1

在图灵机器人网站注册账号。网址是 www.tuling123.com，注册，然后创建一个机器人，设置机器人的基本信息，获取 apikcy，密钥要关闭，否则会出错，如图 7.16 所示。

图 7.16 注册成功获取 apikey

任务 2

学习安装相关函数库文件。与微信及语音机器人相关的函数库文件有 json、urllib.request、语音库 pyttsx3、wxpy 等，安装方法：使用 Cmd 进入命令窗口，直接输入 pip install pyttsx3，如图 7.17 所示。

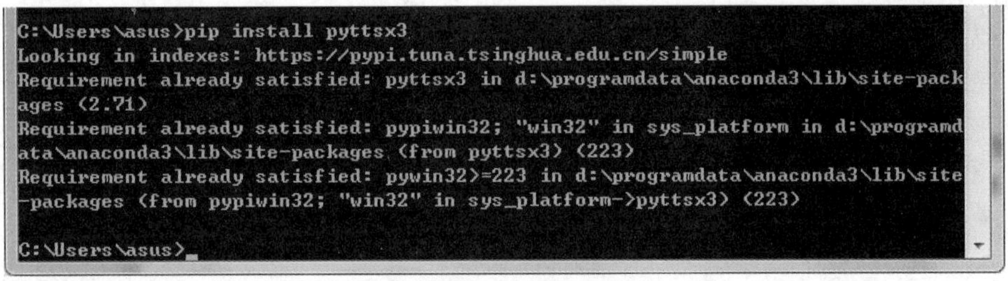

图 7.17 安装 pyttsx3

任务 3

用 pycharm 编辑器编写语音聊天机器人程序，并以 wxjqr.py 为名保存，参考程序代码如下。

```
import json
#导入 json 库
import urllib.request
import pyttsx3   #导入语音库
engine = pyttsx3.init()   #初始化语音库
#语速
rate = engine.getProperty('rate')
engine.setProperty('rate', rate - 50)
```

```python
api_url = "http://openapi.tuling123.com/openapi/api/v2"   #图灵机器人 api 网址
while 1:
    text_input = input('我说: ')
    req = {
        "perception":
            {
                "inputText":
                    {
                        "text": text_input
                    },
                "selfInfo":
                    {
                        "location":
                            {
                                "city": "咸阳",
                                "province": "咸阳",
                                "street": "人民路"
                            }
                    }
            },
        "userInfo":
            {
                "apiKey": "f7f198e4b96348d3b8deba0efa66ad2e",    #请改为你的图灵机器人的 apiKey
                "userId": "a3556314d8ed0afd"           #这个不用改
            }
    }
    #print(req)
    #将字典格式的 req 编码为 utf8
    req = json.dumps(req).encode('utf8')
    #print(req)
    http_post = urllib.request.Request(api_url, data=req, headers={'content-type': 'application/json'})
    response = urllib.request.urlopen(http_post)
    response_str = response.read().decode('utf8')
    #print(response_str)
    response_dic = json.loads(response_str)
    #print(response_dic)

    intent_code = response_dic['intent']['code']
    results_text = response_dic['results'][0]['values']['text']
    print('Turing 的回答: ')
    #print('code: ' + str(intent_code))
    print(' ' + results_text)                    #打印机器人的回复
    engine.say(results_text)                     #合成语音
    engine.runAndWait()
```

任务 4

插入计算机麦克风，然后再运行 wxjqr.py 程序，就可以实现人机对话了，如图 7.18 所示。

注意： 免费版图灵机器人一天有限制自动回复次数的。

图 7.18 微信语音机器人对话

任务 5

设计微信聊天机器人程序。运行之后出现二维码，扫二维码就可以进入微信指定朋友自动聊天，如图 7.19 所示。程序代码如下。

```
mport itchat
import requests
import re
#抓取网页
def getHtmlText(url):
    try:
        r = requests.get(url, timeout=30)
        r.raise_for_status()
        r.encoding = r.apparent_encoding
        return r.text
    except:
        return ""
#自动回复
#封装好的装饰器，当接收到的消息是 Text，即文字消息
@itchat.msg_register(['Text', 'Map', 'Card', 'Note', 'Sharing', 'Picture'])
def text_reply(msg):
    #当消息不是由自己发出时
    if not msg['FromUserName'] == Name["你的微信名称"]:
        #回复给好友
        url = "http://www.tuling123.com/openapi/api?key=请输入你图灵 apikey 号&info="
        url = url + msg['Text']
        html = getHtmlText(url)
        message = re.findall(r'\"text\"\:\".*?\"', html)
        reply = eval(message[0].split(':')[1])
        return reply
if __name__ == '__main__':
    itchat.auto_login()
    #获取自己的 UserName
    friends = itchat.get_friends(update=True)[0:]
    Name = {}
    Nic = []
    User = []
    for i in range(len(friends)):
        Nic.append(friends[i]["NickName"])
        User.append(friends[i]["UserName"])
    for i in range(len(friends)):
```

```
        Name[Nic[i]] = User[i]
itchat.run()
```

图 7.19　微信二维码

课堂训练

学习了 Python 3 调用图灵机器人 API 实现语音聊天知识后，有没有想到能不能改成文本聊天机器人呢？如何修改探究活动提供的程序代码？请你试试。

思维拓展

本节中的聊天机器人仅限于语音及文字交互，在前几节内容中也学习了人脸识别技术，如何完成一个可进行可视化聊天机器人程序呢？以 2~4 人为一组，分工完成程序编写，形成一个完整的"可视化聊天机器人"程序在班级上展示，并分组汇报情况，进行自评和互评。

7.6　图文识别技术

知识链接

图文识别技术是实现将图片中的文字识别提取出来的技术。用户可以通过图片智能识别图中的文字。当前图文识别技术有两种方式实现：一种是直接使用 Python 编辑器编写代码实现，比较简单，但识别率不高；另一种是采用 AI 平台实现，例如，百度 AI 开放平台、face++ 人工智能开放平台，识别率高，但超过限度要收费。

使用 Python 编辑器编写代码实现图文识字功能，必须先安装 pytesseract、PIL 和 pycharm 编辑器，再编写相关程序代码才能实现。

7.6.1　安装 pytesseract 和 PIL

PIL 全称 Python Imaging Library，即 Python 图像处理库，这个库支持多种文件格式，并提供了强大的图像处理和图形处理能力。由于 PIL 仅支持到 Python 2.7，因此在 PIL 的基础上创建了 Pillow 库，支持最新 Python 3.x。

（1）以管理员的身份打开命令提示符，输入 pip 命令安装 pip install pytesseract、pip install Pillow。

（2）安装 tesserocr 的方法：在 Python 目录下输入 conda install -c simonflueckiger tesserocr。

（3）也可以使用 pycharm 编辑器安装 pytesseract、pillow、tesserocr，操作步骤如下：

① 选择 pycharm 菜单 File→Settings 命令，进入 Settings 设置界面，如图 7.20 所示。

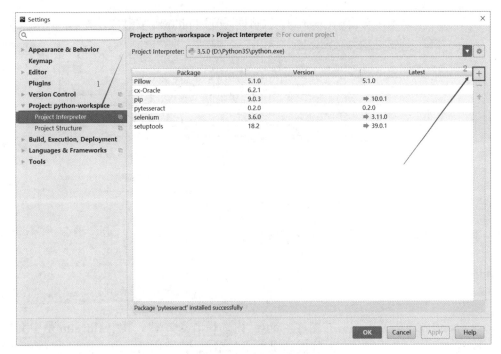

图 7.20 Settings 设置界面

② 按图 7.20 箭头所示进行操作，进入 Packages 安装界面，如图 7.21 所示。

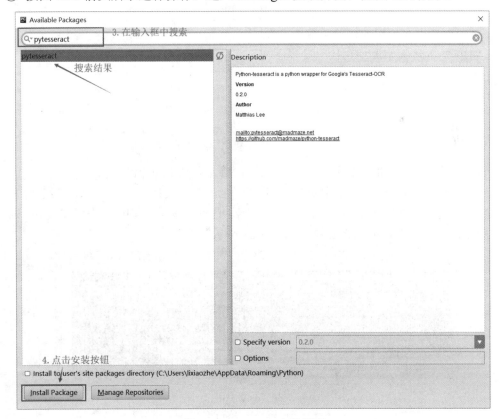

图 7.21 Packages 安装界面

③ 按图 7.21 所示操作安装 pytesseract，也可同时安装 pillow。安装成功界面如图 7.22 所示。

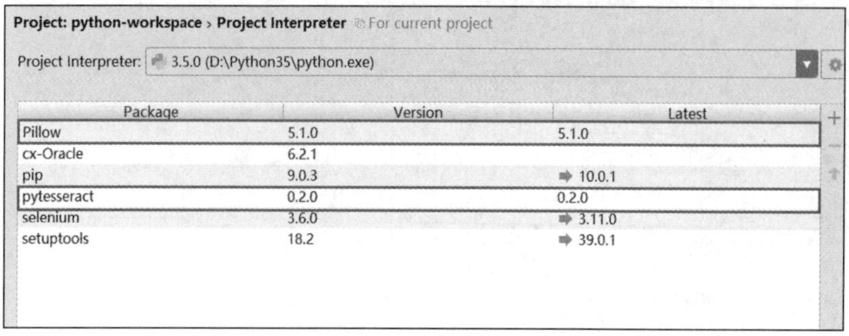

图 7.22　安装成功界面

7.6.2　编写 Python 图文识字程序代码

Python 图文识字程序代码如下。

```
text = pytesseract.image_to_string(Image.open('test.JPG'), lang='chi_sim')
```

Image.open()内改为需要调取的图片，lang="内选择语言类型"，其中 chi_sim 是中文提取，eng 是英文提取，将 Tesseract OCR 处理结果以字符串形式返回，print(test)输出提取出来的文字或字符。

课堂任务

1. 学习配置图文识别的相关函数库文件。
2. 使用 Python 编辑器编写代码实现图文识字功能。

探究活动

第一步：配置相关文件环境。

1. 安装 PIL 平台

Windows 7 以管理员的身份打开命令提示符，输入 pip install pillow。

PIL 是 Python 平台事实上的图像处理标准库，但 PIL 仅支持到 Python 2.7，当前开发商在 PIL 的基础上创建了兼容 Python 3.X 的版本 pillow，因此，安装了 PIL 还需要安装 pillow，否则不能使用。安装 pillow 成功之后界面如图 7.23 所示。

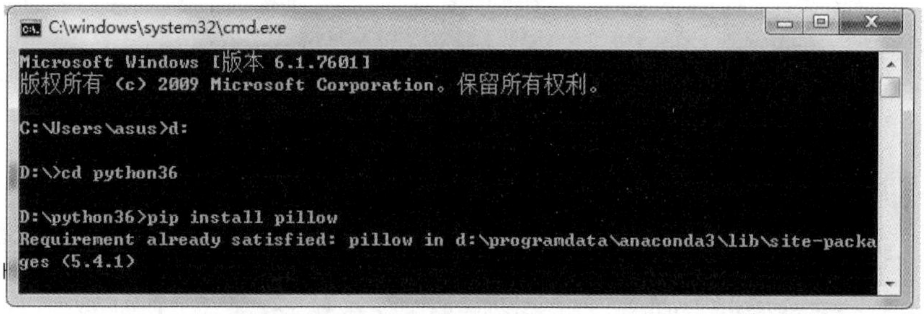

图 7.23　安装 pillow

2. 安装 pytesser3 平台

以 CMD 命令进入 DOS 操作平台界面，打开命令提示符，输入 pip install pytesser3。安装成功界面如图 7.24 所示。

图 7.24　安装 pytesser3

3. 安装 pytesseract 平台

Windows 7 打开命令提示符，输入 pip install pytesseract。安装成功之后界面如图 7.25 所示。

图 7.25　安装 pytesseract 界面

4. 安装 autopy3

先安装 wheel，即在命令提示符后输入 pip install wheel，然后再下载 autopy3-0.51.1-cp37-cp37m-win_amd64.whl，并把下载的文件存放在 D:\dython123\autopy3-0.51.1-cp37-cp37m-win_amd64.whl 下最后安装，在命令提示符中输入 pip install D:\dython123\autopy3-0.51.1-cp37-cp37m-win_amd64.whl。

5. 安装识别引擎 tesseract-ocr

一定要安装最新版本的 Tesseract-OCR，太旧版本会出现"服务器已停止"错误。

百度搜索 Tesseract-OCR 或直接到网站 https://digi.bib.uni-mannheim.de/tesseract/ 下载 tesseract-ocr-w32-setup-v5.0.0.20190623 或者 tesseract-ocr-w64-setup-v5.0.0.20190623.exe，并双击此执行文件，安装到指定目录 C:\Program Files\Tesseract-OCR 下，等会配置环境变量要用。安装完成 tesseract-ocr 后，我们还需要做一下配置，如图 7.26 所示。

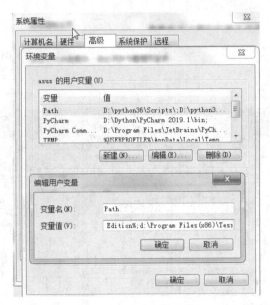

图 7.26 环境变量设定

单击计算机"属性"→"高级系统设置"→"环境变量",进入设置界面,把安装目录 C:\Program Files(x86)\Tesseract-OCR)编入指定变量中,用分号隔开。打开命令终端,输入 tesseract -v,看到版本信息就可以确定安装成功。

如果发现不能识别中文,说明缺支持中文的库文件,我们还要通过百度去找支持简体汉字或繁体汉字语言包 chi_sim.traineddatat 和 chi_tra.traineddata,语言包下载地址是 https://github.com/tesseract-ocr/tesseract/wiki/Data-Files;下载好之后放到安装目录 C:\Program Files(x86)\Tesseract-OCR 下即可。

第二步:用 pycharm 进行图像中的汉字识别,编写程序代码 888.py 如下,同时把待检测的图片 denggao.jpg 复制到与 888.py 同目录下即可测试。如果步骤完全正确,但是运行报错,请卸载 pytesseract 重新安装问题就会解决(卸载命令 pip uninstall pytesseract)。

```
from PIL import Image
import pytesseract
#上面都是导包,只需要下面这一行就能实现图片文字识别
text=pytesseract.image_to_string(Image.open('denggao.jpg'),
lang='chi_sim')
print(text)
```

第三步:测试,运行结果如图 7.27 所示。

图 7.27 图文识字测试结果

课堂练习

请你准备一张带英文的照片，设计或修改以上程序，实现能识别英文的图文识字 Python 程序，并进行测试。

思维拓展

图文识字，百度提供新建 AipOcr 的方法，其他的一些属性可以去查查文档。请你先在百度 AI 开放平台（https://ai.baidu.com/docs#/OCR-Python-SDK/）注册，获取 API_KEY，以 2～4 人为一组，完成图文识字项目，参考 Python 程序代码如下。

```
# -*- coding: UTF-8 -*-
from aip import AipOcr
#定义常规变量
APP_ID = '自己的APPID'
API_KEY = '自己的API KEY'
SECRET_KEY = '自己的SECRET_KEY'
aipOcr = AipOcr(APP_ID, API_KEY, SECRET_KEY)      #初始化AipFace对象
def Get_File_Contnet(IMG_Path):
    with open(IMG_Path, 'rb') as Ip:              #以二进制性质读待识别的图片
        return Ip.read()      #返回PIL读取结果
def main():
    IMG_Path = input('请输入待识别图片的路径：')
    result = aipOcr.basicGeneral(Get_File_Contnet(IMG_Path))#调用通用文字识别，图片参数为本地图片，并把返回值添加进result
    print('*'*32)
    print('检测到可能有%s 行\n 内容如下：'%(result['words_result_num']))#取出内容行数
    print('>'*32)
    with open('识别内容.txt', 'w+') as fd:#以写+读的形式打开文件，若不存在就新建一个
        fd.write("检测到图片文字可能有 %s 行\n 内容如下:
"%(result["words_result_num"])+'\n')
    list =result['words_result']                  #把返回值中的识别内容添加进列表中
    for i in list:
        print(i['words'])
        with open('识别内容.txt', 'a') as fd:      #以追加方式写+读打开文件
fd.write(i['words'] + '\n')                       #写入识别内容
    if __name__ == '__main__':
    main()
```

7.7 语音识别技术

知识链接

语音识别起源于 20 世纪 50 年代早期贝尔实验室的研究。早期的语音识别系统只能识别单个说话者和只有十几个单词的词汇。现代语音识别系统在识别多个发言者和具有识别多种语言的大词汇量方面取得了很大进展。

语音识别的第一部分当然是语音。通过麦克风、语音从物理声音转换为电信号，然后通

过模数转换器转换为数据。数字化后，可以应用多种模型将音频转录为文本。

大多数现代语音识别系统依赖于隐马尔可夫模型（HMM）。工作原理是语音信号可以在非常短的时间尺度（例如 10 毫秒）上近似为静止过程，即统计特性不随时间变化的过程。

许多现代语音识别系统在 HMM 识别之前使用神经网络通过特征变换和维数减少技术来简化语音信号，还可以使用语音活动检测器（VAD）将音频信号减少到可能仅包含语音的部分。

幸运的是，对于 Python 用户，可以通过 API 在线获得一些语音识别服务，其中大多数还提供 Python SDK。

在不久的将来，实现一定程度的语音支持将成为日常技术的基本要求，包含语音识别的 Python 程序提供了其他技术无法比拟的交互性和可访问性。最重要的是，在 Python 程序中实现语音识别非常简单，例如，Python 程序中包含 speech 库，其能快速实现简单的语音对话效果。只要在命令窗口直接输入 pip install speech，如图 7.28 所示，系统会自动安装完成。在程序中只要 speech.input()这一行代码就可以实现语音识别了，仅在第一次使用前需要配置一下语音设备即可以实现语音识别控制功能了，是不是很简单呢？

图 7.28　安装 speech 库

当前的 speech 版本仅支持 Python 2 系列，不兼容 Python 3 的版本，存在一些兼容性的问题，运行程序时会出错，常见的有以下两个问题。

问题一：报错 Missing parentheses in call to 'print'. Did you mean print(prompt)?

Python 3.x 版本 print 输出格式是 print(prompt)，但系统还停留在 Python 2.x 版本的 print prompt 格式，只要找到 speech.py 文件，把这个对应的改了就好了，如图 7.29 和图 7.30 所示。

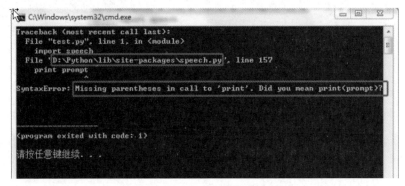

图 7.29　文件所在位置

```
def say(phrase):
    """Say the given phrase out loud."""
    _voice.Speak(phrase)

def input(prompt=None, phraselist=None):
    """
    Print the prompt if it is not None, then listen for a string in phraselist
    (or anything, if phraselist is None.)  Returns the string response that is
    heard.  Note that this will block the thread until a response is heard or
    Ctrl-C is pressed.
    """
    def response(phrase, listener):
        if not hasattr(listener, '_phrase'):
            listener._phrase = phrase # so outside caller can find it
        listener.stoplistening()

    if prompt:
        print(prompt)

    if phraselist:
        listener = listenfor(phraselist, response)
```

图 7.30　修改 print 语句

问题二：报错 No module named 'thread'。这个问题的原因是 Python 2 里对应的 thread，在 Python 3 里改名了，前面加了"_thread"。找到 speech.py 文件，修改 thread 名称即可，如图 7.31 所示。

```
L1 = speech.listenfor(["hello", "good bye"], L1callback)
L2 = speech.listenforanything(L2callback)

assert speech.islistening()
assert L2.islistening()

L1.stoplistening()
assert not L1.islistening()

speech.stoplistening()
"""

from win32com.client import constants as _constants
import win32com.client
import pythoncom
import time
import thread

# Make sure that we've got our COM wrappers generated.
```

图 7.31　修改 thread 名称

课堂任务

1. 安装相关库文件。
2. 编写语音识别的 Python 主程序。

探究活动

任务 1

安装 speech 文件。首先需要安装 speech 库，直接安装 pip install speech 即可，speech.input() 这一行代码就可以实现语音识别，第一次使用需要配置一下。

首先进入语音识别配置界面，如图 7.32 所示，然后单击"下一步"按钮。

其次，选择麦克风类型，如图 7.33 所示，然后单击"下一步"按钮。

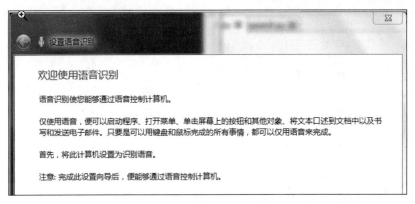

图 7.32　语音识别设置

图 7.33　配置麦克风

再次，调整外接麦克风音量，如图 7.34 所示，再单击"下一步"按钮。

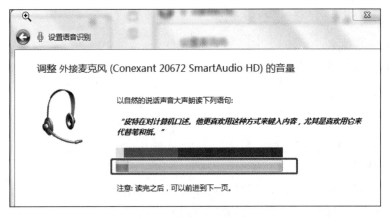

图 7.34　麦克风音量

最后，改善语音识别的精确度及选择激活方式，如图 7.35 和图 7.36 所示。

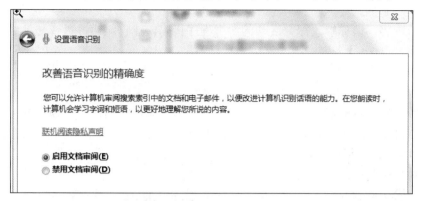

图 7.35　语音识别精确度

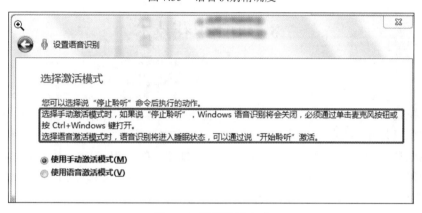

图 7.36　选择激活方式

任务 2

编写语音识别的程序，参考程序代码如下。

```
    import speech
while True:
    say = speech.input()    #接收语音
    speech.say("you said:" + say)    #说话
    if say == "你好":
        speech.say("How are you?")
    elif say == "天气":
        speech.say("今天天气晴!")
```

任务 3

测试并修改程序代码，运行效果如图 7.37 所示。

图 7.37　启动语音识别

它调用了本地语音识别软件，你说英语的话它不容易识别出来，但是中文却识别得很好！应该是计算机语言是简体中文，要是设置为英文的话，应该就能识别出来了。

课堂训练

根据本节内容，请你修改探究活动的参考程序代码，让它能通过语音转换成控制灯或其他方面的应用，以2~4人为一组，完成项目任务。

思维拓展

随着人脸识别技术的进一步成熟和社会认同度的提高，我们在许多领域都可以看到人脸识别的应用。百度API平台开通了语音识别技术服务，是免费开源的，现请你通过Python调用百度API实现语音识别控制功能，以2~4人为一组，在人脸识别考勤签到和人脸识别防盗门两个项目中任选其一，利用人脸识别技术完成项目。

提示：可参考网站 https://blog.csdn.net/exmlyshy/article/details/84760845。

7.8 拍图识花技术

知识链接

拍照识花是一种基于深度学习的花卉识别技术，也是图像识别技术的一种。计算机视觉是一门让计算机替你"看"的科学。机器学习就是实现计算机视觉的一种工具和方法，它可以从数据中挖掘出规律，并用于预测或者分类。识别花卉的过程就是让计算机替你识别分类。

如何让机器能够准确识别花的品种？很简单，一遍一遍反复地学习，直到能认准为止。"一遍一遍反复学习"这一行为，我们称之为深度学习。深度学习其实也是神经网络技术中的一种，在Python语言中常常与TensorFlow一起搭建神经网络来解决我们生活中遇到的各种实际问题。例如Python编写的基于TensorFlow程序会自主地通过一遍一遍反复学习各种花朵的特征，然后创建识花模型，再通过此模型进行识花，这就是深度学习的应用。

TensorFlow是一个基于数据流编程（dataflow programming）的符号数学系统，被广泛应用于各类机器学习（machine learning）算法的编程实现，其前身是谷歌的神经网络算法库DistBelief。TensorFlow支持多种客户端语言下的安装和运行。截至版本1.14.0，绑定完成并支持版本兼容运行的语言为C和Python，其他（试验性）绑定完成的语言为JavaScript、C++、Java、Go和Swift，依然处于开发阶段的包括C#、Haskell、Julia、Ruby、Rust和Scala等。

Python与TensorFlow都可实现拍照识花功能。计算机安装好Python后，就可以用附带安装的Python第三方包安装工具pp来安装TensorFlow了，注意有些环境下需要运行pip3才能启动pip对应Python 3x的版本。在安装TensorFlow前，可以先确认pip的版本是否为最新，只要pip是最新版本，就可以用pip install tensorflow命令来安装TensorFlow了，注意tensorflow全小写就可以。pip会安装最新的TensorFlow版本和它所需要的所有的依赖包，例如用于科学计算的numpy和用于参数编码传递protobuf等。当出现Successfully installed tensorflow-1.14.0的字样时，就表明已经成功安装TensorFlow。

一般情况，花朵识别的深度学习都有如下几个步骤：准备用于训练的样本数据、配置训练参数与开始训练、固化模型、模型测试。其中，从互联网下载花朵图片数据集存放在指定文件夹里作为训练的样本数据，通过pycharm编辑器编写花朵识别模型的机器自主学习程序来配置训练参数及训练、固化模型，编写 Python 程序调用模型进行识花测试是主要步骤。

课堂任务

1. 学习 TensorFlow 的安装方法。
2. 编写花朵识别模型的机器自主学习程序。
3. 编写拍图识花.py 程序调用模型进行花朵识别。

探究活动

任务 1

学习 TensorFlow 安装方法。

1. 安装 TensorFlow

先用 pip -v 检查是不是最新版本，如果不是最新，请升级 pip 版本，升级之后，再用 pip install tensorflow 命令来安装，注意 tensorflow 全小写即可。

2. 从互联网下载花朵图片数据集

下载地址：http://download.tensorflow.org/example_images/flower_photos.tgz，下载的 flower_photos.tgz 文件用 winzip 解压存放在指定的文件夹里，建议与*.py 存在相同文件夹里。例如，用于放置训练图片的目录为 C:\Users\asus\PycharmProjects\untitled1\flower_photos，另外创建一个目录用于放置产生的模型，如 C:\Users\asus\PycharmProjects\untitled1\flower_model，如图 7.38 所示。

图 7.38　模型及训练图片放置文件夹

任务 2

编写花朵识别模型的机器自主学习程序。pycharm 编辑器编写程序，新建一个 py 文件，命名为花朵识别.py，并保存在 C:\Users\asus\PycharmProjects\untitled1\文件夹里。参考程序代码如下。

```
    import os
os.environ['TF_CPP_MIN_LOG_LEVEL'] = '2'
from skimage import io, transform
import glob
import os
import tensorflow as tf
import numpy as np
import time
```

```python
#数据集地址，你要根据自己需求重新修改
path= 'C:/Users/asus/PycharmProjects/untitled1/flower_photos/'
#模型保存地址，你要根据自己需要重新修改
model_path='C:/Users/asus/PycharmProjects/untitled1/flower_model/model.ckpt'
#将所有的图片resize成100*100
w=100
h=100
c=3
#读取图片
def read_img(path):
    cate=[path+x for x in os.listdir(path) if os.path.isdir(path+x)]
    imgs=[]
    labels=[]
    for idx, folder in enumerate(cate):
        for im in glob.glob(folder+'/*.jpg'):
            print('reading the images:%s'%(im))
            img=io.imread(im)
            img=transform.resize(img, (w, h))
            imgs.append(img)
            labels.append(idx)
    return np.asarray(imgs, np.float32), np.asarray(labels, np.int32)
data, label=read_img(path)
#打乱顺序
num_example=data.shape[0]
arr=np.arange(num_example)
np.random.shuffle(arr)
data=data[arr]
label=label[arr]
#将所有数据分为训练集和验证集
ratio=0.8
s=np.int(num_example*ratio)
x_train=data[:s]
y_train=label[:s]
x_val=data[s:]
y_val=label[s:]

#-----------------连接网络--------------------
x=tf.placeholder(tf.float32, shape=[None, w, h, c], name='x')
y_=tf.placeholder(tf.int32, shape=[None, ], name='y_')
def inference(input_tensor, train, regularizer):
    with tf.variable_scope('layer1-conv1'):
        conv1_weights = tf.get_variable("weight", [5, 5, 3, 32], initializer=tf.truncated_normal_initializer(stddev=0.1))
        conv1_biases = tf.get_variable("bias", [32], initializer=tf.constant_initializer(0.0))
        conv1 = tf.nn.conv2d(input_tensor, conv1_weights, strides=[1, 1, 1, 1], padding='SAME')
        relu1 = tf.nn.relu(tf.nn.bias_add(conv1, conv1_biases))
    with tf.name_scope("layer2-pool1"):
        pool1 = tf.nn.max_pool(relu1, ksize = [1, 2, 2, 1], strides=[1, 2, 2, 1], padding="VALID")
```

```
    with tf.variable_scope("layer3-conv2"):
        conv2_weights = tf.get_variable("weight", [5, 5, 32, 64], initializer=
tf.truncated_normal_initializer(stddev=0.1))
        conv2_biases = tf.get_variable("bias", [64], initializer=tf.constant_
initializer(0.0))
        conv2 = tf.nn.conv2d(pool1, conv2_weights, strides=[1, 1, 1, 1], padding
='SAME')
        relu2 = tf.nn.relu(tf.nn.bias_add(conv2, conv2_biases))
    with tf.name_scope("layer4-pool2"):
        pool2 = tf.nn.max_pool(relu2, ksize=[1, 2, 2, 1], strides=[1, 2, 2, 1],
padding='VALID')
    with tf.variable_scope("layer5-conv3"):
        conv3_weights = tf.get_variable("weight", [3, 3, 64, 128], initializer=
tf.truncated_normal_initializer(stddev=0.1))
        conv3_biases = tf.get_variable("bias", [128], initializer=tf.constant_
initializer(0.0))
        conv3 = tf.nn.conv2d(pool2, conv3_weights, strides=[1, 1, 1, 1],
padding='SAME')
        relu3 = tf.nn.relu(tf.nn.bias_add(conv3, conv3_biases))
    with tf.name_scope("layer6-pool3"):
        pool3 = tf.nn.max_pool(relu3, ksize=[1, 2, 2, 1], strides=[1, 2, 2, 1],
padding='VALID')
    with tf.variable_scope("layer7-conv4"):
        conv4_weights = tf.get_variable("weight", [3, 3, 128, 128], initializer
=tf.truncated_normal_initializer(stddev=0.1))
        conv4_biases = tf.get_variable("bias", [128], initializer=tf.constant_
initializer(0.0))
        conv4 = tf.nn.conv2d(pool3, conv4_weights, strides=[1, 1, 1, 1], padding=
'SAME')
        relu4 = tf.nn.relu(tf.nn.bias_add(conv4, conv4_biases))
    with tf.name_scope("layer8-pool4"):
        pool4 = tf.nn.max_pool(relu4, ksize=[1, 2, 2, 1], strides=[1, 2, 2, 1],
padding='VALID')
        nodes = 6*6*128
        reshaped = tf.reshape(pool4, [-1,nodes])
    with tf.variable_scope('layer9-fc1'):
        fc1_weights = tf.get_variable("weight", [nodes, 1024],
initializer=tf.truncated_normal_initializer(stddev=0.1))
        if regularizer != None: tf.add_to_collection('losses', regularizer(fc1_
weights))
        fc1_biases = tf.get_variable("bias", [1024], initializer=tf.constant_
initializer(0.1))
        fc1 = tf.nn.relu(tf.matmul(reshaped, fc1_weights) + fc1_biases)
        if train: fc1 = tf.nn.dropout(fc1, 0.5)
    with tf.variable_scope('layer10-fc2'):
        fc2_weights = tf.get_variable("weight", [1024, 512],
initializer=tf.truncated_normal_initializer(stddev=0.1))
        if regularizer != None: tf.add_to_collection('losses', regularizer(fc2_
weights))
        fc2_biases = tf.get_variable("bias", [512], initializer=tf.constant_
initializer(0.1))
        fc2 = tf.nn.relu(tf.matmul(fc1, fc2_weights) + fc2_biases)
        if train: fc2 = tf.nn.dropout(fc2, 0.5)
```

```python
    with tf.variable_scope('layer11-fc3'):
        fc3_weights = tf.get_variable("weight", [512, 5], initializer=tf.truncated_normal_initializer(stddev=0.1))
        if regularizer != None: tf.add_to_collection('losses', regularizer(fc3_weights))
        fc3_biases = tf.get_variable("bias", [5], initializer=tf.constant_initializer(0.1))
        logit = tf.matmul(fc2, fc3_weights) + fc3_biases
    return logit
#---------------------------断开网络--------------------------
regularizer = tf.contrib.layers.l2_regularizer(0.0001)
logits = inference(x, False, regularizer)
#(小处理)将logits乘以1赋值给logits_eval,定义name,方便在后续调用模型时通过tensor名字调用输出tensor
b = tf.constant(value=1, dtype=tf.float32)
logits_eval = tf.multiply(logits, b, name='logits_eval')
loss=tf.nn.sparse_softmax_cross_entropy_with_logits(logits=logits, labels=y_)
train_op= tf.compat.v1.train.AdamOptimizer(learning_rate=0.001).minimize(loss)
correct_prediction = tf.equal(tf.cast(tf.argmax(logits, 1), tf.int32), y_)
acc= tf.reduce_mean(tf.cast(correct_prediction, tf.float32))
```

任务 3

运行花朵识别.py 文件，系统执行后会不断地读图，如图 7.39 所示。最后生成模型，并存于 C:\Users\asus\PycharmProjects\untitled1\flower_model 文件中，如图 7.40 所示。运行结果如图 7.41 所示。

图 7.39 系统在读图学习

图 7.40 生成模型文件

```
    validation loss: 89.214933
    validation acc: 0.616477
    train loss: 11.004460
    train acc: 0.947917
    validation loss: 88.562739
    validation acc: 0.582386
    train loss: 12.165875
    train acc: 0.938542
    validation loss: 86.670699
    validation acc: 0.593750

Process finished with exit code 0
```

图 7.41 运行结果

任务 4

编写拍图识花.py 程序，调用通过学习而创建的模型进行花朵识别，参考代码如下。

```python
    import os
os.environ['TF_CPP_MIN_LOG_LEVEL'] = '2'
from skimage import io, transform
import tensorflow as tf
import numpy as np
path1 = "C:/Users/asus/PycharmProjects/untitled1/flower_photos/daisy/5547758_eea9edfd54_n.jpg"
path2 = "C:/Users/asus/PycharmProjects/untitled1/flower_photos/dandelion/7355522_b66e5d3078_m.jpg"
path3 = "C:/Users/asus/PycharmProjects/untitled1/flower_photos/roses/ 394990940_7af082cf8d_n.jpg"
path4 = "C:/Users/asus/PycharmProjects/untitled1/flower_photos/sunflowers/6953297_8576bf4ea3.jpg"
path5 = "C:/Users/asus/PycharmProjects/untitled1/flower_photos/tulips/ 10791227_7168491604.jpg"
flower_dict = {0:'dasiy',1:'dandelion',2:'roses',3:'sunflowers',4:'tulips'}
w=100
h=100
c=3

def read_one_image(path):
    img = io.imread(path)
    img = transform.resize(img,(w,h))
    return np.asarray(img)
with tf.Session() as sess:
    data = []
    data1 = read_one_image(path1)
    data2 = read_one_image(path2)
    data3 = read_one_image(path3)
    data4 = read_one_image(path4)
    data5 = read_one_image(path5)
    data.append(data1)
    data.append(data2)
    data.append(data3)
    data.append(data4)
    data.append(data5)
```

```
    saver = tf.train.import_meta_graph('C:/Users/asus/PycharmProjects/
untitled1/flower_model/model.ckpt.meta') saver.restore(sess, tf.train. latest_
checkpoint('C:/Users/asus/PycharmProjects/untitled1/flower_model/'))
    graph = tf.get_default_graph()
    x = graph.get_tensor_by_name("x:0")
    feed_dict = {x:data}
    logits = graph.get_tensor_by_name("logits_eval:0")
    classification_result = sess.run(logits, feed_dict)
    #打印出预测矩阵
    print(classification_result)
    #打印出预测矩阵每一行最大值的索引
    print(tf.argmax(classification_result, 1).eval())
    #根据索引通过字典对应花的分类
    output = []
    output = tf.argmax(classification_result, 1).eval()
    for i in range(len(output)):
        print("第", i+1, "朵花预测:"+flower_dict[output[i]])
```

任务 5

运行拍图识花.py 程序，结果如图 7.42 所示，说明我们运行成功了，预测结果和调用模型代码中的 5 个路径相比较是完全准确的。

```
[[ 9.301503    3.5596013  -3.1969452  -1.6737486  -3.6647205 ]
 [-0.02370909 -0.2060573  -0.6688136   2.1792045  -1.6548024 ]
 [-2.85764    -7.9039025  11.262809    2.4165068   5.265883  ]
 [-4.864998    4.188993   -3.9645677   5.1155725   0.6037359 ]
 [-2.64697    -2.2372508   1.1626123   4.9600616  10.081968  ]]
[0 3 2 3 4]
第 1 朵花预测:dasiy
第 2 朵花预测:sunflowers
第 3 朵花预测:roses
第 4 朵花预测:sunflowers
第 5 朵花预测:tulips
```

图 7.42　拍图识花检测结果

本文的模型对于花卉的分类准确率为 70%左右，采用迁移学习调用 Inception-v3 模型对本文中的花卉数据集分类准确率在 95%左右，主要的原因在于本文的 CNN 模型比较简单，而且花卉数据集本身就比 mnist 手写数字数据集分类难度要大一点，同样的模型在 mnist 手写数字的识别上准确率要比花卉数据集准确率高。

课堂训练

学习拍图识花的人工智能深度学习知识后，大家对人工智能深度学习有了一定程度的理解。以 2～5 人为一组，思考一下，能不能把上面的程序修改一下，实现拍图识草功能？

思维拓展

学习拍图识花的人工智能深度学习和语音识别技术的知识后，大家对人工智能深度学习与语音识别有了一定程度的理解。以 2～6 人为一组，思考一下，能不能把拍图识花与语音识别相结合，实现人机语音对话呢？

本章学习评价

完成下列各题，并通过完成本章的知识链接、探究活动、课堂练习、思维拓展等内容，综合评价自己在知识与技能、解决实际问题的能力以及相关情感态度与价值观的形成等方面，是否达到了本章的学习目标。

1. 人脸识别技术分成_____、_____、_____、_____、_____ 5 个步骤完成。
2. 人脸识别是基于人的脸部特征信息进行身份识别的一种_____技术。
3. 人脸识别库（Face Recognition）是一个基于 Dib 实现的人脸识别_____，采用_____训练模型，模型准确率高达 99.38%。Dib 是一个包含机器学习算法的 C++开源工具包。
4. Python 3.7 安装 dlib-19.17.0 安装包的一般步骤是_____。
5. 用 win.add_overlay(faces)的作用是_____。
6. 图像识别技术是_____的一个重要领域。它是指对图像进行_____识别，以识别各种不同模式的目标和对象的技术。
7. face_recognition 是_____库。
8. 视频人脸识别（Face Recognition in Video）是一项新兴技术，它将会对_____、_____和_____等领域的用户体验产生很大影响。计算机视觉这个精彩领域在最近几年突飞猛进，目前已经具备了一定的规模。
9. OpenCv 是一个开源的_____。它的安装方法是_____。
10. cv2.imwrite()是指_____。
11. face++的 apikey 是_____；获取 apikey 的方法是_____。
12. 智能聊天机器人是用于模拟_____对话或聊天的程序。微信聊天机器人又称_____，可以通过微信公众平台提供的_____通过一定的数据逻辑和数据库实现在微信平台上的智能对话。
13. Python 程序中包含 speech 库，其能快速实现简单的_____效果。只要在命令窗口直接输入_____。在程序中，speech.input()的作用是_____。
14. 图文识别是实现将图片中的_____识别提取出来的应用软件。用户可以通过图片_____图中的文字。
15. TensorFlow 是一个基于数据流编程（dataflow programming）的符号数学系统，被广泛应用于_____算法的编程实现，其前身是谷歌的神经网络算法库 DistBelief。
16. 一般情况下，花朵识别的深度学习都有哪几个步骤？
_____
17. 本章对你启发最大的是_____。
18. 你还不太理解的内容有_____。
19. 你还学会了_____。
20. 你还想学习_____。

参 考 文 献

[1] 李跃，汪亚明，黄文清，等．基于 OpenCV 的摄像机标定方法研究[J]．浙江理工大学学报，2010，27（03）：417-420+440．

[2] 刘子源，蒋承志．基于 OpenCV 和 Haar 特征分类器的图像人数检测[J]．辽宁科技大学学报，2011，34（04）：384-388．

[3] 左腾．人脸识别技术综述[J]．软件导刊，2017，16（02）：182-185．

[4] 高雪．语音识别技术在人机交互中的应用研究[D]．北京：北方工业大学，2017．

[5] 梅龙宝，王同聚，齐新燕．AI 人工智能[M]．广州：广东教育出版社，2019．

[6] 郑岚．Python 访问 MySQL 数据库[J]．电脑编程技巧与维护，2010（6）：59-61．

[7] 余小高．用嵌入式 SQL 语言开发 ORACLE 数据库应用的方法研究[J]．计算机应用及软件，2004，21（4）：22-24．

[8] 高远．基于 Python 和 C/C++的分布式计算架构[J]．软件导刊，2012，11（6）：17-18．

[9] 孙凤杰，崔维新，张晋保，等．远程数字视频监控与图像识别技术在电力系统中的应用[J]．电网技术，2005，29（5）：81-83．

[10] 周小四，杨杰，朱一坦．用于监控智能报警系统的图像识别技术[J]．上海交通大学学报，2002，36（4）：498-501．

[11] 张浩，王玮，徐丽杰，等．图像识别技术在电力设备监测中的应用[J]．电力系统保护与控制，2010，38（6）：88-91．

[12] 蒋树强，闵巍庆，王树徽．面向智能交互的图像识别技术综述与展望[J]．计算机研究与发展，2016，53（1）：113-122．

[13] 王波涛，蔡安妮，孙景鳌．生物图像识别技术及其应用[J]．计算机工程与设计，2001，22（4）：78-82．

[14] 刘伟善．Arduino 创客之路[M]．北京：清华大学出版社，2018．

[15] Abadi M, Barham P, Chen J, et al. TensorFlow: A System for Large-Scale Machine Learning[J]. OSDI, 2016, 16: 265-283.

[16] 谢琼．深度学习——基于 Python 语言和 TensorFlow 平台[M]．北京：人民邮电出版社，2018．